CÁLCULO NUMÉRICO

inter
saberes

CÁLCULO NUMÉRICO

Celina Jarletti

2ª edição

inter saberes

Rua Clara Vendramin, 58 – Mossunguê
CEP 81200-170 – Curitiba – PR – Brasil
Fone: (41) 2106-4170
www.intersaberes.com
editora@intersaberes.com

Conselho editorial
Dr. Alexandre Coutinho Pagliarini
Dr.ª Elena Godoy
Dr. Neri dos Santos
M.ª Maria Lúcia Prado Sabatella

Editora-chefe
Lindsay Azambuja

Gerente editorial
Ariadne Nunes Wenger

Assistente editorial
Daniela Viroli Pereira Pinto

Edição de texto
Monique Francis Fagundes Gonçalves

Capa
Laís Galvão (*design*)
Ilustração baseada em: Ron Zmiri/Shutterstock

Projeto gráfico
Sílvio Gabriel Spannenberg

Adaptação do projeto gráfico
Kátia Priscila Irokawa

Diagramação
Sincronia Design

Equipe de *design*
Sílvio Gabriel Spannenberg
Laís Galvão

Iconografia
Regina Claudia Cruz Prestes

Dados Internacionais de Catalogação na Publicação (CIP)
(Câmara Brasileira do Livro, SP, Brasil)

Jarletti, Celina
    Cálculo numérico / Celina Jarletti. -- 2. ed. -- Curitiba, PR : Editora Intersaberes, 2023.

    Bibliografia.
    ISBN 978-85-227-0655-6

    1. Cálculo numérico 2. Cálculo numérico – Estudo e ensino I. Título.

23-152463   CDD-518.07

Índices para catálogo sistemático:
1. Cálculo numérico : Estudo e ensino   518.07
    Eliane de Freitas Leite – Bibliotecária – CRB 8/8415

1ª edição, 2018.
2ª edição, 2023.

Foi feito o depósito legal.

Informamos que é de inteira responsabilidade da autora a emissão de conceitos.

Nenhuma parte desta publicação poderá ser reproduzida por qualquer meio ou forma sem a prévia autorização da Editora InterSaberes.

A violação dos direitos autorais é crime estabelecido na Lei n. 9.610/1998 e punido pelo art. 184 do Código Penal.

Sumário

7 *Apresentação*

10 *Como aproveitar ao máximo este livro*

13 **Capítulo 1 – Introdução ao cálculo numérico**
13 1.1 Matemática numérica
17 1.2 Noções de erro

25 **Capítulo 2 – Raízes (ou zeros) reais de funções reais**
25 2.1 Métodos para determinação da raiz da equação

51 **Capítulo 3 – Derivação e integração numérica**
51 3.1 Derivação numérica
55 3.2 Integração numérica

73 **Capítulo 4 – Sistemas de equações**
73 4.1 Sistemas de equações lineares algébricas (Sela)
90 4.2 Sistemas de equações não lineares

101 **Capítulo 5 – Interpolação e extrapolação**
101 5.1 Interpolação
112 5.2 Extrapolação e regressão ou ajuste de curvas

125 **Capítulo 6 – Resolução de equações diferenciais ordinárias**
125 6.1 Equações diferenciais
128 6.2 Métodos numéricos de solução de equações diferenciais

147 *Considerações finais*

148 *Referências*

149 *Bibliografia comentada*

151 *Respostas*

155 *Sobre a autora*

Aos meus pais:
José Jarletti (in memoriam)
Zilda Dias Jarletti.

E aos meus filhos:
Alexandre Jarletti
Andressa Jarletti
Arthur Jarletti
Allan Jarletti.

Apresentação

O objetivo deste livro é oferecer um texto que apresente alguma fundamentação teórica e discussão sobre vantagens e dificuldades relacionadas aos procedimentos numéricos de solução de problemas.

A ideia de escrever a obra surgiu da experiência no magistério em cursos de ensino superior e, principalmente, de sugestões de alunos e colegas professores para redigir material didático similar ao apresentado em sala de aula, a fim de tornar fácil a compreensão do conteúdo e facilitar o aprendizado.

Não serão apresentados aqui programas computacionais voltados à implementação de algoritmos para os diversos procedimentos numéricos iterativos de solução de problemas. Sugerimos, para isso, utilizar *softwares* matemáticos que possibilitem a fácil adaptação dos algoritmos.

Elaboramos este livro em capítulos, procurando manter o mesmo desenvolvimento em cada um deles: inicialmente, apresentando as definições e classificações pertinentes ao tema; depois, exemplos e suas resoluções; e, por fim, questões e/ou projetos propostos para a solução de problemas.

O Capítulo 1 apresenta definições e noções de erros em processos do cálculo numérico. O objetivo é detalhar os diferentes erros possíveis em procedimentos numéricos.

O Capítulo 2 trata da determinação de raízes reais de funções reais do tipo $f(x) = 0$. Inicia com uma breve revisão dos tipos de função com solução exata e apresenta técnicas numéricas para a solução de funções reais e transcendentes.

O Capítulo 3 envolve a derivação e a integração por processos numéricos, com discussão e comparação entre as diferentes técnicas possíveis de solução.

No Capítulo 4, os sistemas de equações lineares e os sistemas de equações não lineares são solucionados por diferentes procedimentos numéricos.

Os conceitos de interpolação e extrapolação são apresentados no Capítulo 5, com distinção de empregabilidade entre os procedimentos e as técnicas numéricas variadas. O ajuste de curvas aos dados tabelados é realizado pelo método dos mínimos quadrados, com comparação de resultados obtidos e consequente escolha de uma solução entre diferentes outras possíveis.

O Capítulo 6 apresenta técnicas numéricas para a resolução de equações diferenciais com condições iniciais e/ou de contorno, caracterizando a solução dos problemas de valor inicial (PVIs) e dos problemas de valor de contorno (PVCs).

É importante ressaltarmos que, apesar do tratamento mais aprofundado dado a alguns temas na obra, os procedimentos numéricos para a resolução de problemas na área de ciências exatas e tecnologias se estendem a situações e aplicações mais elaboradas do que as apresentadas neste livro.

Finalmente, desejamos que a obra seja de valia para todos os que a consultarem e, havendo interesse, estamos à disposição dos leitores para receber críticas e sugestões construtivas que possam contribuir em trabalhos posteriores.

Esperamos que os temas aqui apresentados fortaleçam seu interesse pelo conteúdo e o incitem a buscar mais informações sobre o assunto.

Boa leitura!

Como aproveitar ao máximo este livro

Este livro traz alguns recursos que visam enriquecer o seu aprendizado, facilitar a compreensão dos conteúdos e tornar a leitura mais dinâmica. São ferramentas projetadas de acordo com a natureza dos temas que vamos examinar. Veja a seguir como esses recursos se encontram distribuídos no decorrer desta obra.

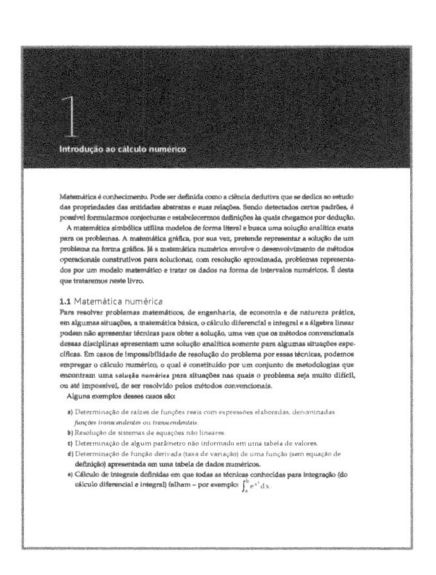

Introdução do capítulo
Logo na abertura do capítulo, você é informado a respeito dos conteúdos que nele serão abordados, bem como dos objetivos que o autor pretende alcançar.

Síntese
Você conta, nesta seção, com um recurso que o instigará a fazer uma reflexão sobre os conteúdos estudados, de modo a contribuir para que as conclusões a que você chegou sejam reafirmadas ou redefinidas.

Atividades de autoavaliação
Com estas questões objetivas, você tem a oportunidade de verificar o grau de assimilação dos conceitos examinados, motivando-se a progredir em seus estudos e a se preparar para outras atividades avaliativas.

Atividades de aprendizagem
Aqui você dispõe de questões cujo objetivo é levá-lo a analisar criticamente determinado assunto e a aproximar conhecimentos teóricos e práticos.

Bibliografia comentada

Nesta seção, você encontra comentários acerca de algumas obras de referência para o estudo dos temas examinados.

BARROSO, L. C. et al. **Cálculo numérico.** São Paulo: Harbra, 1983.
 Esse livro é de autoria de professores do Departamento de Ciência da Computação da Universidade Federal de Minas Gerais (UFMG) e apresenta estudos sobre os seguintes temas: zeros, sistemas lineares, equações algébricas e transcendentes, interpolação e integração. Trata-se de um dos livros pioneiros nos temas tratados.

BURDEN, R. L.; FAIRES, D. J. **Análise numérica.** São Paulo: Pioneira, 2003.
 Essa obra trata de maneira excelente sobre as técnicas de aproximação, discutindo as situações em que a um resultado obtido é uma boa solução para o problema e também as situações em que falham.

BURIAN, R.; LIMA, A. C. de; HETEM JUNIOR, A. **Cálculo numérico:** fundamentos de informática. Rio de Janeiro: LTC, 2007.
 Nesse livro são apresentados os enfoques didático e clássico para as técnicas de cálculo numérico. Temas como determinação de raízes de equações, solução de sistemas lineares, ajuste de pontos e funções interpoladoras recebem destaques.

CASTANHEIRA, N. P.; ROCHA, A.; MACEDO, L. R. D. de. **Tópicos de matemática aplicada.** Curitiba: InterSaberes, 2013.
 Os autores direcionam o desenvolvimento dessa obra para as áreas de administração, economia e ciências contábeis, abordando questões que são fundamentais para a atuação profissional.

CLÁUDIO, D. M.; MARINS, J. M. **Cálculo numérico computacional: teoria e prática.** 2. ed. São Paulo: Atlas, 1994.
 O enfoque desse livro está no desenvolvimento, no detalhamento e na elaboração de algoritmos computacionais para aplicação de cálculo numérico. É bastante útil para realizar a implementação de rotinas de cálculo.

FRANCO, N. B. **Cálculo numérico.** São Paulo: Pearson Prentice Hall, 2006.
 A conceituação de álgebra linear e da teoria de espaços vetoriais é bem elaborada nesse livro, assim como os resultados obtidos pela análise numérica.

KOPCHENOVA, N. V.; MARON, I. A. **Computational Mathematics:** Worked Examples and Problems with Elements of Theory. Moscow: Mir, 1975.
 Esse livro é uma tradução para o inglês do original no idioma russo. Apresenta um tratamento com enfoque computacional de diversos temas de cálculo numérico, inclusive da resolução numérica de equações com derivadas parciais.

1
Introdução ao cálculo numérico

Matemática é conhecimento. Pode ser definida como a ciência dedutiva que se dedica ao estudo das propriedades das entidades abstratas e suas relações. Sendo detectados certos padrões, é possível formularmos conjecturas e estabelecermos definições às quais chegamos por dedução.

A matemática simbólica utiliza modelos de forma literal e busca uma solução analítica exata para os problemas. A matemática gráfica, por sua vez, pretende representar a solução de um problema na forma gráfica. Já a matemática numérica envolve o desenvolvimento de métodos operacionais construtivos para solucionar, com resolução aproximada, problemas representados por um modelo matemático e tratar os dados na forma de intervalos numéricos. É desta que trataremos neste livro.

1.1 Matemática numérica

Para resolver problemas matemáticos, de engenharia, de economia e de natureza prática, em algumas situações, a matemática básica, o cálculo diferencial e integral e a álgebra linear podem não apresentar técnicas para obter a solução, uma vez que os métodos convencionais dessas disciplinas apresentam uma solução analítica somente para algumas situações específicas. Em casos de impossibilidade de resolução do problema por essas técnicas, podemos empregar o cálculo numérico, o qual é constituído por um conjunto de metodologias que encontram uma **solução numérica** para situações nas quais o problema seja muito difícil, ou até impossível, de ser resolvido pelos métodos convencionais.

Alguns exemplos desses casos são:

a) Determinação de raízes de funções reais com expressões elaboradas, denominadas *funções transcendentes* ou *transcendentais*.
b) Resolução de sistemas de equações não lineares.
c) Determinação de algum parâmetro não informado em uma tabela de valores.
d) Determinação de função derivada (taxa de variação) de uma função (sem equação de definição) apresentada em uma tabela de dados numéricos.
e) Cálculo de integrais definidas em que todas as técnicas conhecidas para integração (do cálculo diferencial e integral) falham – por exemplo: $\int_{a}^{b} e^{x^2} dx$.

f) Determinação de integrais de funções apresentadas na forma discreta (tabela de valores).
g) Resolução de equações diferenciais ordinárias e parciais que não sejam de modelos simples com solução analítica definida.

Os métodos numéricos surgem como recurso para a resolução desses problemas, utilizando como ferramenta a fundamentação teórica associada a cálculos simples e o possível emprego de procedimentos computacionais.

A resolução de problemas por métodos numéricos envolve duas etapas:

1. Modelagem matemática:
- problema real (com ou sem levantamento de dados);
- construção do modelo matemático apropriado.

2. Resolução:
- escolha do método numérico adequado;
- implementação computacional do método numérico;
- obtenção e análise de resultados.

Figura 1.1 – Etapas para a resolução de um problema

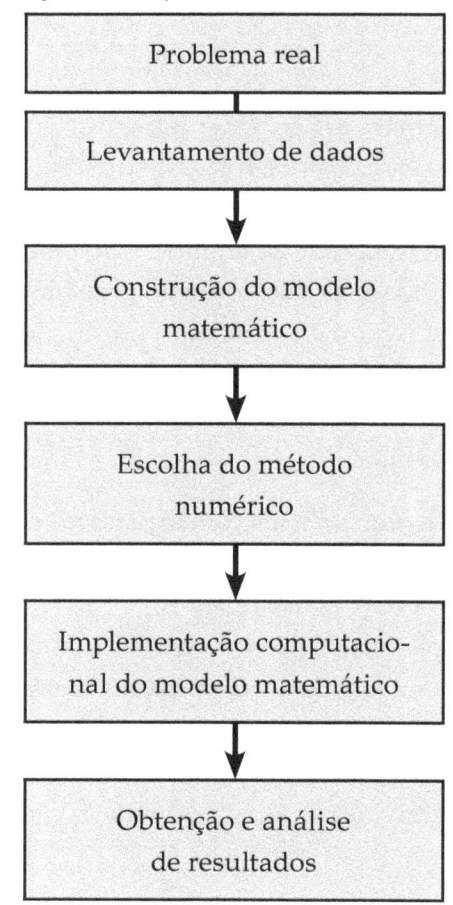

```
Problema real
     ↓
Levantamento de dados
     ↓
Construção do modelo matemático
     ↓
Escolha do método numérico
     ↓
Implementação computacional do modelo matemático
     ↓
Obtenção e análise de resultados
```

1.1.2 Modelagem matemática

É um processo dinâmico utilizado para a obtenção de modelos matemáticos, ou seja, de uma equação ou um conjunto de equações que descrevam algum fenômeno em estudo. É necessário o conhecimento do problema real, com sua natureza e suas características, para realizar a construção do modelo matemático, que é a abstração do fenômeno.

Neste livro, serão apresentados somente os procedimentos numéricos para a solução de problemas, e não os processos para realizar a modelagem matemática.

Exemplo 1.1

O movimento de um corpo em queda livre, sujeito à aceleração da gravidade constante (problema), é descrito por estudos de Isaac Newton (1643-1727), conhecido físico e matemático inglês. Equações para velocidade e espaço percorrido pelo corpo em queda livre são apresentadas como funções do tempo transcorrido. Considerando o espaço percorrido, a equação que o descreve é modelada por:

$$d = d_0 + v_0 \cdot t + \frac{1}{2} a \cdot t^2 \quad \text{(Modelo matemático)}$$

Em que:

d – distância percorrida;

d_0 – distância ou posição inicial em um sistema de coordenadas;

v_0 – velocidade inicial;

t – tempo transcorrido;

a – aceleração da gravidade.

Situação: Uma pessoa deseja determinar a altura de um edifício usando um cronômetro e uma bolinha metálica.

Solução:

O indivíduo poderá subir ao topo do prédio e medir o tempo que a bolinha, quando solta ($v_0 = 0$ m/s), leva para atingir o solo.

Considerando um tempo de 4 segundos, temos:

$d_0 = 0$ m

$v_0 = 0$ m/s

$t = 4$ s

$a = 9{,}81$ m/s²

Resultando em:

$d = 0 + 0 \cdot 4 + \frac{1}{2} \cdot 9{,}81 \cdot 4^2$ ou $d = 78{,}48$ m.

Realizar esse cálculo pode parecer fácil para alguns, porém algumas ponderações devem ser feitas.

- Um importante fator a ser considerado é a precisão na leitura do cronômetro, porque **uma pequena variação no tempo medido influencia na avaliação da altura do edifício**. O tempo de queda da bolinha metálica é o dado desse experimento, que poderia ter sido 4,2 segundos ou 3,9 segundos, ou outro valor próximo, que resultaria em diferentes alturas do edifício sendo avaliadas. Sabemos que a altura do edifício tem valor único, e as avaliações feitas mediante a tomada de tempo transcorrido na queda da bolinha metálica levam a diferentes resultados com erros.
- **O modelo (dado pela equação) não é totalmente confiável**, apesar de ser um procedimento utilizado frequentemente, pois não foram consideradas as forças atuantes, como a velocidade do vento e a resistência do ar.
- No exemplo citado, ocorreu o levantamento de dados (tempo de queda da bolinha metálica). Outras situações podem não requerer levantamento de dados, mas é **importante o conhecimento do problema real, com definição do modelo matemático**, para, então, passar à segunda etapa, quando os procedimentos numéricos serão utilizados para a resolução do problema.

Na etapa de **resolução**, precisamos observar alguns fatores:

- A escolha do método numérico adequado deverá ter origem em um grupo de técnicas possíveis, de acordo com a natureza do problema a ser solucionado. Várias técnicas numéricas podem ser utilizadas para resolver um único problema. Algumas delas realizam um número grande de operações matemáticas, o que poderia requerer muito tempo para a obtenção do resultado. Outras requerem um número menor de operações **matemáticas, porém utilizam um modelo mais elaborado, dificultando a realização dos cálculos**. Cada método numérico tem vantagens e desvantagens, sobre as quais discutiremos posteriormente neste livro, comparando os resultados obtidos em cada situação analisada.
- A implementação computacional do método numérico permite a obtenção da solução **em um tempo ínfimo se comparado à realização dos cálculos feitos manualmente** (ou com uma calculadora), porém é necessário domínio de programação de computadores. Atualmente, podemos utilizar computadores fazendo emprego de alguns *softwares* matemáticos (aplicativos) para obter facilmente a solução de diversos problemas.
- Após a obtenção dos resultados, precisamos fazer uma análise dos valores obtidos, que podem ser aceitáveis ou não na solução do problema. Em caso de ocorrência de resultados não esperados, podemos reformular o modelo matemático ou escolher outro método numérico, ou, ainda, promover correções na implementação computacional de algum algoritmo, no caso de utilizarmos esse recurso.

Todas essas etapas são necessárias para a solução do problema via métodos numéricos de cálculo, sendo que em todas elas pode haver a necessidade de serem efetuadas correções.

A solução obtida para um problema pela aplicação de métodos numéricos de cálculo nem sempre fornece valores que estejam dentro de limites razoáveis. Essa diferença é denominada *erro* e é inerente ao processo, não podendo, em muitos casos, ser evitada. Em outras situações, mediante correções no modelo ou repetição de cálculos (processo iterativo), buscamos controlar os erros ou minimizá-los, de forma a apresentar confiabilidade na resposta.

Muitos procedimentos de cálculo numérico apresentam como solução uma estimativa para a resposta requerida ao problema. Essa resposta será utilizada para obter uma nova avaliação com um erro menor que o da resposta anterior, e assim sucessivamente. É um processo cíclico que é repetido um número de vezes até que a resposta tenha um erro aceitável.

1.2 Noções de erro

Os erros que podem ocorrer são classificados em:

1. **Erros inerentes**: Ocorrem nos dados de entrada que podem conter imprecisão dos valores em virtude da forma de obtenção desses dados, como em pesquisas de laboratório (com calibragem de equipamentos); leitura de valor em algum equipamento analógico (não digital), que poderia envolver a leitura de um ponteiro e a posição do observador ao anotar essa medida ou informação; ou proveniente de algum censo (resposta não verdadeira fornecida por algum entrevistado). Não há como evitar que ocorram. Esse tipo de erro acontece antes da aplicação de algum procedimento numérico.

2. **Erros de arredondamento**: Ocorrem em situações em que determinado valor é apresentado com uma quantidade elevada (ou até infinita) de casas decimais e deseja-se realizar operações com menor quantidade de casas decimais. Podem ser de três tipos (considerando arredondamento na terceira casa decimal para os dois primeiros tipos):
   - Arredondamento para maior (ou por excesso).
     Exemplo: 785,343762 → 785,344. Nessa situação, o valor após o arredondamento é maior que o calculado.
   - Arredondamento para menor (ou por falta).
     Exemplo: 2,456458 → 2,456. O valor após o arredondamento é menor que o valor calculado.
   - Arredondamento para o número de máquina mais próximo, proveniente de transformação entre bases numéricas nos processos computacionais. Apesar de o foco deste livro não ser a implementação computacional de métodos numéricos, o leitor poderá realizar tais procedimentos visando diminuir o tempo para obter a solução de algum problema e visualizar o detalhamento da ocorrência desse tipo de erro no item 6 desta sequência.

3. **Erros de truncamento, de cancelamento ou de discretização**: Ocorrem quando parte da representação do número é desprezada (ou cancelada), ou quando, em algumas séries infinitas, são considerados apenas os termos que contribuem mais fortemente para a resposta, sendo os demais desconsiderados (tornando o processo finito ou discreto). Séries infinitas são utilizadas frequentemente na avaliação de funções matemáticas, como logaritmos, exponenciais e funções trigonométricas.
4. **Erro absoluto**: Definido como a diferença entre o valor exato de um número (x) e seu valor aproximado ($\bar{x}$). Denotamos:

$$EA_x = x - \bar{x}$$

Em geral, não é possível calcular o erro absoluto, por não ser conhecido o valor exato de x. Empregamos, então, um limitante superior ou uma estimativa para o módulo do erro absoluto.

Por exemplo: $x \in (3{,}17;\ 3{,}18)$ e $|EA_x| = |x - \bar{x}| < 0{,}01$.

5. **Erro relativo**: Definido como o erro absoluto dividido pelo valor aproximado. Denotamos:

$$ER_x = \frac{EA_x}{\bar{x}} = \frac{|x - \bar{x}|}{\bar{x}}$$

Considerando o exemplo $x \in (3{,}17;\ 3{,}18)$ e um valor obtido para $\bar{x} = 3{,}178784$, temos:

$$ER_x = \frac{EA_x}{\bar{x}} = \frac{|x - \bar{x}|}{\bar{x}} = \frac{0{,}01}{3{,}178784} = 0{,}003145857 \cong 3{,}1 \cdot 10^{-3}$$

Quanto menor for o erro relativo, maior será a precisão para a representação do valor de x. Os erros relativos são apresentados em termos percentuais e o valor obtido é, então, multiplicado por 100.

No exemplo, temos:

$$ER_x \cong 3{,}1 \cdot 10^{-3} \rightarrow 3{,}1 \cdot 10^{-3} \cdot 100 = 3{,}1 \cdot 10^{-3} \cdot 10^2 = 3{,}1 \cdot 10^{-3+2} = 3{,}1 \cdot 10^{-1} = 0{,}31\%$$

Normalmente, empregamos o cálculo do erro relativo para avaliar se um valor obtido por algum procedimento numérico é um valor "aceitável" para a solução do problema.

Exemplo 1.2

Considerando que uma estimativa do valor de x tenha sido x = 435,184372 e sendo conhecido um intervalo para essa medida de x ∈ (430; 440), qual o resultado da determinação do erro relativo?

Solução:

Ao determinarmos o erro relativo ocorrido, temos:

$$ER_x = \frac{EA_x}{\bar{x}} = \frac{|x - \bar{x}|}{\bar{x}} = \frac{10}{435,184372} = 0,0229788 \cong 2,3 \cdot 10^{-2} = 2,3\%$$

Exemplo 1.3

Considerando que uma estimativa do valor de x tenha sido x = 45,841372 e sendo conhecido um intervalo para essa medida de x ∈ (44; 46), qual o resultado da determinação do erro relativo?

Solução:

Ao determinarmos o erro relativo ocorrido, temos:

$$ER_x = \frac{EA_x}{\bar{x}} = \frac{|x - \bar{x}|}{\bar{x}} = \frac{2}{45,841372} = 0,043629 \cong 4,4 \cdot 10^{-2} = 4,4\%$$

Quanto menor for o erro relativo ocorrido na avaliação, melhor será o resultado obtido. O fato de apresentar o erro relativo em termos percentuais permite uma análise para aceitar ou rejeitar determinado valor obtido em algum cálculo.

Se ocorrer uma situação na qual possamos afirmar que o erro absoluto cometido foi de 60 cm (por exemplo) em uma medição, o resultado obtido é bom ou ruim? A resposta a essa pergunta é: se a medida realizada tiver sido, por exemplo, a distância entre dois bairros (não vizinhos) de uma cidade, é excelente. Se a medida foi realizada nas dimensões do tampo de uma mesa retangular (largura e comprimento) de uma residência, a medida é muito ruim.

O erro relativo é apresentado em termos percentuais e normalmente valores com erro relativo abaixo de 1% são aceitáveis.

6. **Erros de número de máquina:** Ocorrem na fase de resolução do problema em virtude da conversão de números representados no sistema decimal (base 10) para o sistema binário (base 2), em cálculos feitos por computadores no sistema binário e na conversão do sistema binário para o decimal para apresentação dos resultados. Um melhor entendimento dos erros que podem ocorrer nessas transformações é obtido considerando as representações das bases decimal e binária e os processos de conversão entre elas.

1.2.1 Representação de valores numéricos nas bases binária e decimal

Valores numéricos podem ser representados em diferentes bases.

Historicamente, podemos citar a base octal (representada por 0, 1, 2,..., 6 e 7), a base hexadecimal (representada por 0, 1, 2,..., 9, A, B, C, D, E e F), a base decimal (representada por 10 dígitos, 0, 1, 2,..., 9) e a base binária (representada por dois dígitos, 0 e 1). Nossos cálculos são realizados na base decimal e os computadores operam normalmente na base binária.

Um valor numérico representado na base binária (base 2) pode ser denotado por:

$$a_m \cdot 2^m + \ldots + a_2 \cdot 2^2 + a_1 \cdot 2^1 + a_0 \cdot 2^0 + a_{-1} \cdot 2^{-1} + a_{-2} \cdot 2^{-2} + \ldots + a_{-n} \cdot 2^{-n}$$

Ou:

$$\sum_{i=-n}^{m} a_i \cdot 2^i$$

Em que:
$a_i = 0$ ou 1;
$i = -n, -n+1, \ldots, 0, \ldots, m$

Exemplo 1.4

Podemos fazer a representação de um valor em base binária:

$$101110{,}01 = 1 \cdot 2^5 + 0 \cdot 2^4 + 1 \cdot 2^3 + 1 \cdot 2^2 + 1 \cdot 2^1 + 0 \cdot 2^0 + 0 \cdot 2^{-1} + 1 \cdot 2^{-2}$$

Um valor numérico representado na base decimal (base 10) pode ser denotado por:

$$a_m \cdot 10^m + \ldots + a_2 \cdot 10^2 + a_1 \cdot 10^1 + a_0 \cdot 10^0 + a_{-1} \cdot 10^{-1} + a_{-2} \cdot 10^{-2} + \ldots + a_{-n} \cdot 10^{-n}$$

Ou:

$$\sum_{i=-n}^{m} a_i \cdot 10^i$$

Em que:
$a_i = 0$ ou 1 ou 2 ou ... ou 9;
$i = -n, -n+1, \ldots, 0, 1, \ldots, m$.

Exemplo 1.5
Podemos fazer a representação de um valor em base decimal:

$$3248,23 = 3\,000 + 200 + 40 + 8 + 0,2 + 0,03$$
$$3248,23 = 3 \cdot 10^3 + 2 \cdot 10^2 + 4 \cdot 10^1 + 8 \cdot 10^0 + 2 \cdot 10^{-1} + 3 \cdot 10^{-2}$$

Para realizar a **conversão da base binária para a decimal**, usamos a multiplicação do dígito binário pela potência de 2 da respectiva posição e posterior soma dos valores obtidos.

Exemplo 1.6
$$1011,101_2 = 1 \cdot 2^3 + 0 \cdot 2^2 + 1 \cdot 2^1 + 1 \cdot 2^0 + 1 \cdot 2^{-1} + 0 \cdot 2^{-2} + 1 \cdot 2^{-3}$$

$$1011,101_2 = 1 \cdot 8 + 0 \cdot 4 + 1 \cdot 2 + 1 \cdot 1 + 1 \cdot \frac{1}{2} + 0 \cdot \frac{1}{4} + 1 \cdot \frac{1}{8}$$

$$1011,101_2 = 8 + 0 + 2 + 1 + 0,5 + 0 + 0,125$$

$$1011,101_2 = 11,625_{10}$$

Para realizar a **conversão da base decimal para a binária**, precisamos separar a parte inteira da parte fracionária do número.

A **parte inteira** é transformada mediante sucessivas divisões por 2 até que o último quociente seja igual a 1. O número binário será formado pela concatenação do último quociente acrescido dos restos das divisões, tomados no sentido inverso ao que foram obtidos.

Podemos escrever:

$$N_{10} = \left(1\ r_n\ r_{n-1}\cdots\ r_2\ r_1\right)_2$$

Exemplo 1.7
Considerando o valor 19 na base decimal e realizando as sucessivas divisões por 2, temos como resultado:

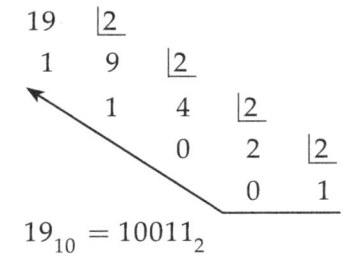

```
  19 |2
   1   9 |2
       1   4 |2
           0   2 |2
               0   1
```

$$19_{10} = 10011_2$$

A **parte fracionária** de um número na base decimal é transformada para a base binária realizando as seguintes ações:

a) multiplicar a parte fracionária do número por 2;
b) então, a parte inteira do resultado será o dígito na base binária (0 ou 1), e a parte fracionária do resultado obtido deve ser sucessivamente multiplicada por 2 até que a parte fracionária se anule.

Exemplo 1.8
Se fizermos a transformação de 0,1875 na base decimal para a base binária:

0,1875 · 2 = 0,3750   dígito = 0
0,375 · 2 = 0,3750   dígito = 0
0,75 · 2 = 1,50   dígito = 1
0,50 · 2 = 1,00   dígito = 1

Encerra-se o processo quando a parte fracionária resultar nula.
Então: $0{,}1875_{10} = 0{,}0011_2$.

Exemplo 1.9
Se fizermos a transformação de 0,6 na base decimal para a base binária:

0,6 · 2 = 1,2   dígito = 1
0,2 · 2 = 0,4   dígito = 0
0,4 · 2 = 0,8   dígito = 0
0,8 · 2 = 1,6   dígito = 1
0,6 · 2 = 1,2   dígito = 1   (Ocorre repetição dos resultados)

Então: $0{,}6_{10} = 0{,}10011001\ldots_2$

Nesse último exemplo, é possível visualizar a conversão de um número fracionário na base decimal contendo um número finito de dígitos (após a vírgula), resultando em um número fracionário na base binária contendo infinitos dígitos após a vírgula (no caso, uma dízima binária). A quantidade de dígitos após a vírgula possíveis de serem utilizados para os cálculos em computadores depende da geração dessas máquinas, porém, é sempre uma quantidade finita. Essa característica considera que haverá uma aproximação a ser feita para o número de máquina mais próximo daquele da representação decimal, o que ocasionará algum **erro** nos resultados a serem apresentados.

A representação de um número depende da base escolhida ou disponível na máquina em uso e do número máximo de dígitos usados em sua representação. Cálculos que envolvam números irracionais (que não podem ser representados por uma fração) – por exemplo, $\pi, \sqrt{2}, \sqrt[3]{5}$ e *e* (número de Euler) –, os quais apresentam infinitas casas decimais, terão erro dependendo da aproximação escolhida para os valores numéricos.

Além dos erros por mudança de base nos valores numéricos, é possível ocorrer instabilidade na resposta, que pode ser compreendida como uma sensibilidade a perturbações. Essa instabilidade pode ser proveniente do algoritmo e da maneira de resolvê-lo, principalmente pela combinação de dois fatores: somas de grandezas de diferentes ordens (um valor numérico muito grande sendo somado a um valor numérico muito pequeno) e subtração de grandezas quase iguais. Ocorre o denominado *cancelamento subtrativo* ou *cancelamento catastrófico*, que é bastante comum nos cálculos usando computadores. O cancelamento subtrativo potencializa o efeito do erro de arredondamento ocorrido nas transformações de base. Uma forma de minorar tais erros é utilizar a *double precision* – ou "precisão dupla" – para os dados e cálculos nos programas de implementação computacional de alguma rotina de método numérico. A precisão dupla fornece uma resposta com precisão de muitos dígitos decimais, o que torna o resultado de qualidade superior.

Síntese

Os métodos numéricos de cálculo permitem a obtenção de solução para muitos problemas aos quais a matemática básica, a álgebra e o cálculo diferencial e integral não são aplicáveis.

No entanto, a solução ou resposta obtida conterá algum erro, com várias causas distintas. Apesar da ocorrência de erros em procedimentos de cálculo numérico, muitos problemas não apresentam outra forma de resolução, ou seja, não existe uma solução analítica que estaria isenta de erro. Situações nas quais os métodos numéricos de cálculo são utilizados na solução terão uma resposta aproximada, e a qualidade dessa resposta pode ser melhorada continuamente, normalmente pela repetição de ciclos de cálculo, em que cada estimativa obtida é, a princípio, melhor que a anterior. A precisão requerida na resposta é **fixada conforme escolha feita** *a priori*, tornando a solução aceitável ao problema em questão.

Atividades de autoavaliação

1) Considere que a avaliação de uma medida usando métodos numéricos tenha sido de valor igual a 237,425675 e que o valor exato obtido por alguma técnica de avaliação exata seja igual a 237,5. Determine o erro absoluto dessa avaliação:
   a. EA = 0,074325.
   b. EA = 0,037163.
   c. EA = 0,0.
   d. EA = 0,425675.

2) Considerando o intervalo (12,5; 12,7) como limitante de mensuração de uma quantidade cujo valor obtido por processos numéricos seja de 12,635, determine o erro relativo ocorrido:
   a. ER = 1,65%.
   b. ER = 3,24%.
   c. ER = 1,58%.
   d. ER = 0%.

3) Faça a conversão do número decimal 235,0625 para a base binária. Em caso de ocorrência de dízima binária, encerre seus cálculos com 6 casas decimais. Qual é a representação desse valor na base binária?
   a. 11101011,001.
   b. 11101011,0001.
   c. 11101110,0001.
   d. 11101110,001.

4) Faça a conversão do número decimal 123,4 para a base binária. Em caso de ocorrência de dízima binária, encerre seus cálculos com 6 casas decimais. Qual a representação desse número na base binária?
   a. 1101111,010111.
   b. 1111011,011011.
   c. 111011,010101.
   d. 1101110,010101.

5) Converta para a base decimal o resultado binário que você obteve na questão 4. Quais foram os erros absoluto e relativo cometidos?
   a. EA = 0,009375; ER = 0,076%.
   b. EA = 0,09375; ER = 0,76%.
   c. EA = 0,008275; ER = 0,022%.
   d. EA = 0,009375; ER = 0,0076%.

Atividades de aprendizagem

Questões para reflexão

1) Enumere algumas situações cotidianas em que determinada faixa de erros pode ser aceita em alguma avaliação.

2) Qual é a vantagem de avaliar o erro relativo em termos percentuais?

Atividades aplicadas: prática

1) Considere que, da aplicação de um método numérico para a determinação de raiz (ou zero) de uma equação, resulte o valor 4,499 e a solução exata seja x = 4,5. Determine os valores dos erros absoluto e relativo ocorridos.

2) Promova o arredondamento do valor 15,3742567899 utilizando 4 casas decimais e, depois, 6 casas decimais. Determine os erros absoluto e relativo ocorridos com esses arredondamentos.

2
Raízes (ou zeros) reais de funções reais

Em muitos problemas, de ciências diversas, é necessário determinar a raiz ou as raízes de uma função y = f(x), que associa duas informações ou propriedades desse problema.

Dependendo da natureza do problema, a equação que o modela pode ser bastante simples, como uma equação de primeiro grau (por exemplo: quantos itens de um produto podem ser comprados com certa quantia de dinheiro?) ou uma equação de segundo grau (por exemplo: que quantidade de um item produzido por uma fábrica tornará o lucro máximo considerando todos os custos fixos e variáveis?). A solução para esses problemas será a raiz ou o zero da equação.

Outros problemas cotidianos podem apresentar uma equação modeladora bastante complexa, cuja determinação da raiz não é um procedimento imediato ou conhecido.

Este capítulo apresenta uma revisão de algumas técnicas para a determinação de raízes reais de equações e, principalmente, as técnicas numéricas para o cálculo de raízes de equações, as quais são válidas tanto para equações simples quanto para as bastante elaboradas.

2.1 Métodos para determinação da raiz da equação

Resolver uma equação é determinar os valores para os quais a função (que é representada pela equação y = f(x) se anula. Esses valores são denominados *raízes* ou *zeros da equação*.

São conhecidas algumas técnicas para determinar as raízes (ou zeros) em diversas situações simples, como: equação de primeiro grau, equação de segundo grau, algumas equações polinomiais, além de equações racionais, irracionais, modulares, logarítmicas, exponenciais e trigonométricas. Os exemplos a seguir nos remetem a essas situações.

   a) **Equação de primeiro grau** y = ax + b, com solução y = 0 e isolamento de *x* resultando em $x = -\dfrac{b}{a}$.

Exemplo 2.1

$y = 2x - 3$, com $y = 0$ resulta em $0 = 2x - 3$ ou $x = \dfrac{3}{2}$

O resultado pode ser observado no gráfico a seguir:

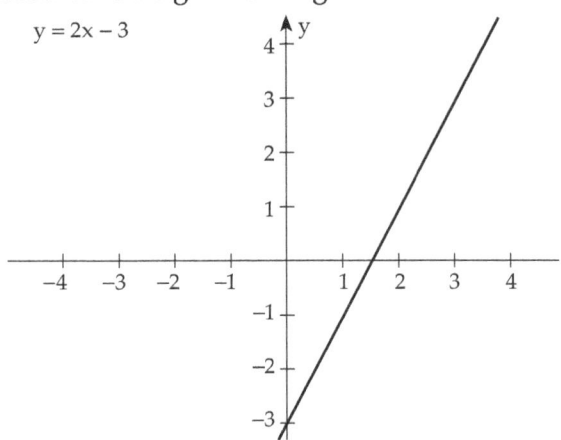

b) **Equação de segundo grau** $y = ax^2 + bx + c$, que pode ser resolvida por diferentes formas: fatoração, completando quadrados e fórmula de Bhaskara $x_{1,2} = \dfrac{-b \pm \sqrt{b^2 - 4ac}}{2a}$, sendo esta última a mais comumente empregada.

Exemplo 2.2

Considere $y = x^2 + 5x + 6$, que resulta em duas raízes: $x_1 = -2$ e $x_2 = -3$.

Observando o gráfico:

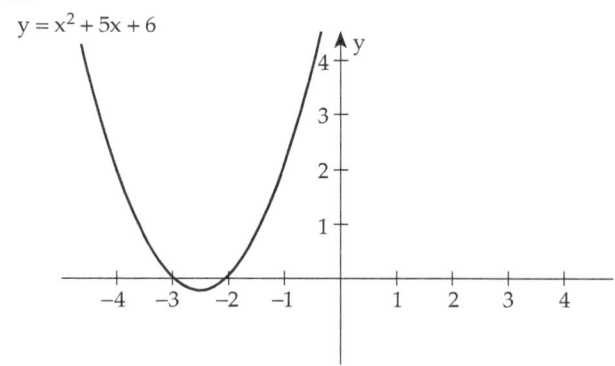

c) **Equações polinomiais**, que têm a forma $y = a_n \cdot x^n + a_{n-1} \cdot x^{n-1} + \ldots + a_2 \cdot x^2 + a_1 \cdot x + a_0$ e podem ser resolvidas por fatoração por meio de Briot-Ruffini, levando à forma fatorada $(x - r_1) \cdot (x - r_2)\ldots(x - r_n) = 0$, em que r_i, com $i = 1,\ldots, n$, são as raízes da equação.

Exemplo 2.3

$x^4 - x^3 - 4x^2 + 4x = 0$, tornando-se, por fatoração:

$(x - 0) \cdot (x - 1) \cdot (x - 2) \cdot (x + 2) = 0$, com raízes S = {–2; 0; 1 e 2}.

Visualizando na representação gráfica:

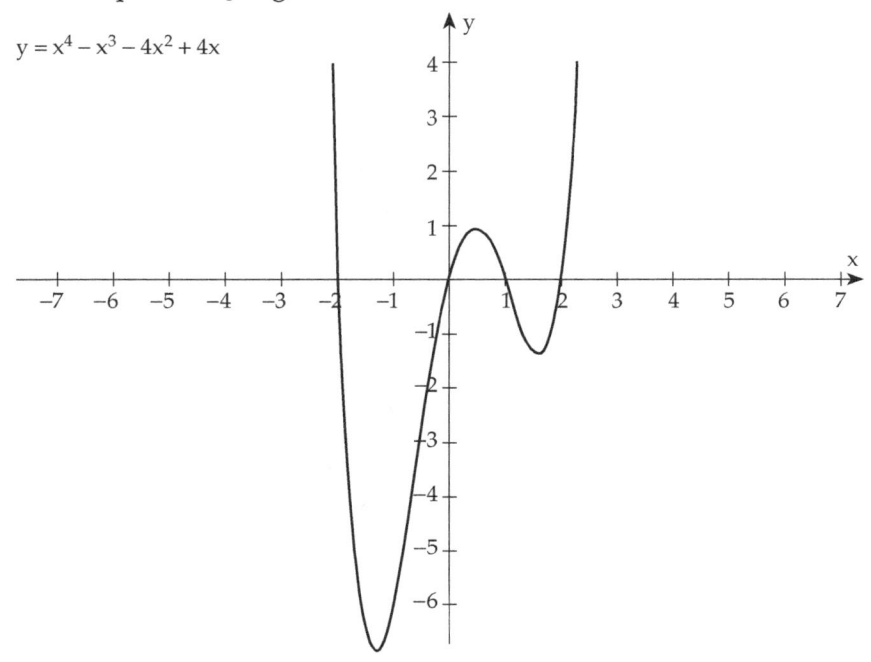

$y = x^4 - x^3 - 4x^2 + 4x$

d) Equações racionais, que têm a forma $\dfrac{P(x)}{Q(x)}$ e cuja solução é feita mediante a exclusão das raízes da solução da equação do numerador *P(x)*, que também ocorrem na solução da equação do denominador *Q(x)*.

Exemplo 2.4

$$y = \dfrac{x^3 - 9x}{x^2 - 3x}$$

Para o numerador, temos: $0 = x^3 - 9x = x(x^2 - 9) = x(x + 3) \cdot (x - 3)$, com raízes S_n = {–3; 0 e 3}.

Para o denominador, temos: $0 = x^2 - 3x = x(x - 3)$, com solução S_d = {0 e 3}.

Excluindo da solução do numerador as raízes comuns com a solução do denominador, temos como resultado para a solução da equação racional dada: $S_{equação}$ = {–3}.

Verificando no gráfico:

$$y = \frac{x^3 - 9x}{x^2 - 3x}$$

e) Equações irracionais, que envolvem radicais. Modelo $\sqrt[n]{f(x)} = g(x)$. Exemplo:

$$y = \sqrt[3]{2x - 1} - 2$$

Com solução:

$$\sqrt[3]{2x - 1} = 2$$

Elevando os dois lados da igualdade ao cubo, obtemos:

$$2x - 1 = 2^3 = 8$$

Isolando o valor de x na equação de primeiro grau:

$$2x = 8 + 1 = 9 \quad e \quad x = \frac{9}{2} = 4{,}5$$

$$y = \sqrt[3]{2x - 1} - 2$$

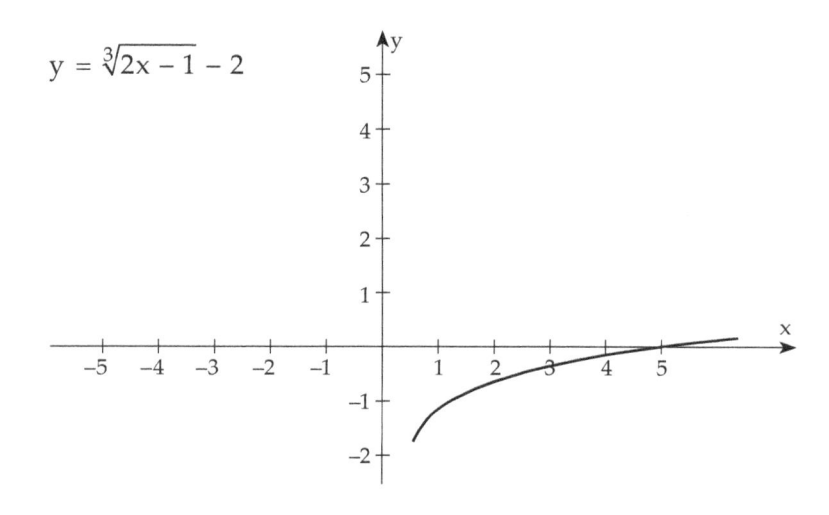

Em casos de radicais com índice par, é necessário atender à condição de $g(x) > 0$, testando as raízes obtidas na equação original e excluindo aquelas que levarem a radicandos negativos.

f) Equações modulares, que envolvem módulo ou valor absoluto definido como:

$$|a| = \begin{cases} a & \text{se } a \geq 0 \\ -a & \text{se } a < 0 \end{cases}$$

Exemplo 2.5

$y = |3x - 5| - 2$

Se $3x - 5 \geq 0$, então, $3x - 5 = 2$, ou $3x = 7$, ou ainda $x = \dfrac{7}{3}$.

Se $3x - 5 < 0$, então, $-(3x - 5) = 2$, ou $-3x = -3$, ou ainda, $x = 1$.

A solução é dada por: $S = \left\{ 1 \text{ e } \dfrac{7}{3} \right\}$.

A representação gráfica é da forma:

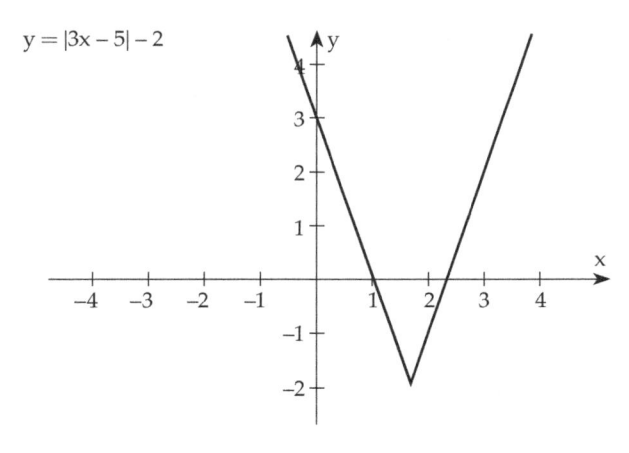

g) Equações logarítmicas, que são resolvíveis com o emprego de propriedades de logaritmos ou pela relação inversa com funções exponenciais.

Exemplo 2.6

$y = \ln(4x + 1) - \ln(3 - x) = 0$ (Todos os termos têm logaritmos de mesma base.)

$\ln(4x + 1) = \ln(3 - x)$ (Os logaritmandos são iguais.)

$4x + 1 = 3 - x$, ou $5x = 2$, ou ainda, $x = \dfrac{2}{5}$.

Temos, como representação, o gráfico:

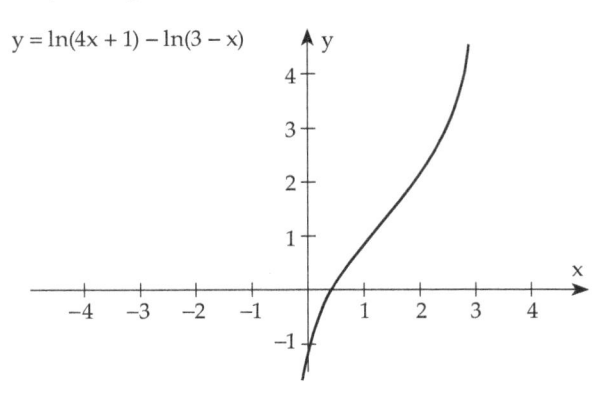

$$y = \ln(4x+1) - \ln(3-x)$$

Exemplo 2.7

$y = \log(2x + 3) - 2 = 0$
$\log(2x + 3) = 0$

Usando a relação com exponenciais, temos:

$2x + 3 = 10^{0,2}$, ou $2x = 1{,}584893192 - 3 = -1{,}4151...$, ou ainda $x = -0{,}7075...$

A representação gráfica seria:

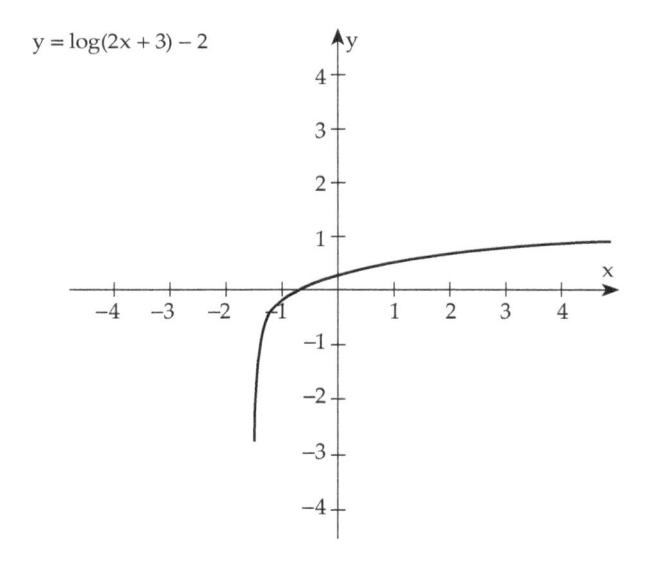

$$y = \log(2x+3) - 2$$

h) Equações exponenciais, que são possíveis de solução em duas situações – quando todos os termos têm a mesma base e quando as bases são diferentes –, apresentadas nos exemplos a seguir.

Exemplo 2.8

Quando todos os termos têm a mesma base:

$y = 5^{3x-1} - 625$

$5^{3x-1} = 625 = 5^4$

Igualando os expoentes, temos:

$3x - 1 = 4$, ou $3x = 5$, ou ainda $x = \dfrac{5}{3}$.

Exemplo 2.9

Quando as bases forem diferentes, usamos transformação para logaritmo:

$y = 2^{4-x} - 5 = 0$ ou $2^{4-x} = 5$

$\ln(2)^{4-x} = \ln(5)$, ou $(4 - x) \cdot \ln(2) = \ln(5)$, ou ainda $4 - x = \dfrac{\ln(5)}{\ln(2)}$

Calculando $x = 4 - \dfrac{\ln(5)}{\ln(2)} = 1{,}678071905\ldots$

Esse resultado pode ser visualizado no gráfico a seguir:

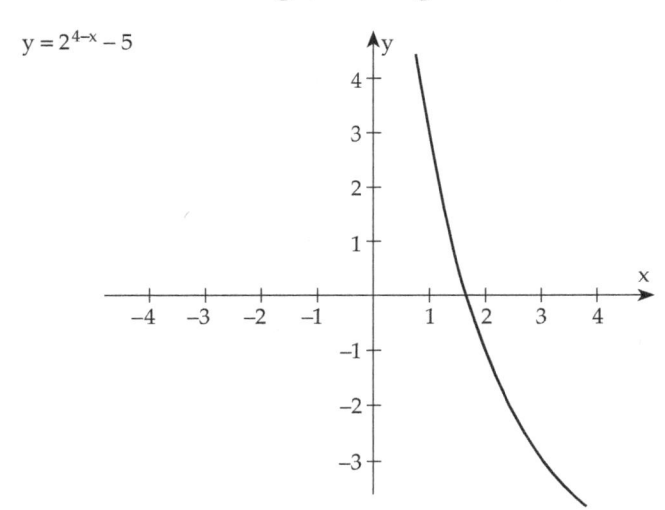

$y = 2^{4-x} - 5$

i) Equações trigonométricas, usadas quando a incógnita está na posição do ângulo ou argumento da função trigonométrica.

Exemplo 2.10

$$\text{sen}\left(3x + \frac{\pi}{4}\right) = 1$$

Se $3x + \frac{\pi}{4} = \text{sen}^{-1}(1) = \frac{\pi}{2}$, então, $3x = \frac{\pi}{2} - \frac{\pi}{4} = \frac{\pi}{4}$, ou $x = \frac{\pi}{12}$ rad = 15 graus.

Todas as resoluções de equações apresentadas são casos simples de serem resolvidos. Observe que, em todos os exemplos, os termos que se apresentaram atendiam à denominação do tipo da equação e em nenhum caso ocorreram termos de naturezas distintas – ou seja, não foi observada, por exemplo, uma equação com um termo com radical e outro com exponencial.

Em caso de uma equação mais elaborada, denominada *equação transcendental* ou *transcendente*, não existe procedimento simples que a solucione. Surgem, então, os procedimentos por métodos numéricos como possível solução. Salientamos que tais procedimentos numéricos são aplicáveis também aos casos mais simples de funções, desde que a raiz ou o zero da equação seja um valor real.

Esses procedimentos vão apresentar um valor aproximado para cada raiz da equação. A precisão desse resultado é escolhida inicialmente, podendo ser definida conforme a necessidade, ou seja, podemos estabelecer que o resultado apresente exatidão até a segunda ou a terceira casa decimal, ou mesmo adiante dessa posição. Para que essa condição seja atendida, os cálculos devem ser efetuados com uma quantidade maior de casas decimais que a pretendida para exatidão.

Os procedimentos numéricos são cálculos repetidos em ciclos, denominados *iterações*, que apresentarão, na maioria das vezes, ao final de cada ciclo, um resultado melhor que o do ciclo anterior, até que a precisão seja atendida (característica de um processo convergente). Em muitas situações, quanto maior for a precisão estabelecida, maior também será a quantidade de iterações que ocorrerão no processo numérico.

Os métodos numéricos para a determinação de raízes reais de equações são compostos de duas fases, descritas a seguir.

- **Fase 1**: Isolamento das raízes em um intervalo [a; b] que contém a raiz ε, ou seja, $\varepsilon \in [a; b]$.
- **Fase 2**: Refinamento das raízes por melhorias sucessivas do resultado até obtermos uma aproximação com precisão prefixada, por meio de algum dos métodos numéricos. Estudaremos os métodos de quebra do intervalo (bissecção e falsa posição), de ponto fixo (iteração linear e Newton-Raphson) e de passos múltiplos (secante).

2.1.1 Fase 1 – isolamento das raízes

Uma equação representativa de uma função y = f(x) terá um gráfico traçado somente na região de seu domínio, que é o conjunto de valores que a variável independente *(x)* pode assumir. O domínio de uma função real é o conjunto dos números reais R, ou (–∞; +∞), **excluindo os valores de restrições**, que podem ser listados em:

a) Denominador com valor nulo.

b) Radicando com valor negativo em radicais de índice par.

c) Logaritmandos na base neperiana ou natural *(e)* ou na base 10, com valores não positivos.

d) Argumentos ou ângulos de funções trigonométricas: tangente e secante em ângulos de $n\pi \pm \dfrac{\pi}{2}$ e cotangente e cossecante em ângulos de $\pm n\pi$, sendo n ∈ N (conjunto dos números naturais).

A determinação do domínio da função permitirá a construção de uma tabela de valores de forma ordenada (crescente ou decrescente) para a variável independente (x) e o cálculo dos correspondentes valores de *y* ou *f(x)*. Esses pares de valores (x; y) correspondem aos pontos do gráfico da função na região do domínio.

Exemplo 2.11

Considere a função: $y = 2x^2 + 4x + 1$.

Domínio: não ocorre restrição, então, D = (–∞; +∞) ou D = {x ∈ R}.

Dica: Se os coeficientes de uma equação são valores numéricos pequenos (no caso, 2, 4 e 1), o gráfico da função está próximo da origem. Atribuindo valores para *x* em torno da origem e determinando os correspondentes valores de *y* ou *f(x)*, podemos construir a tabela a seguir:

x	–3	–2	–1	0	1	2	3
y ou f(x)	7	1	–1	1	7	17	31

A representação gráfica para a função $y = 2x^2 + 4x + 1$ é dada por:

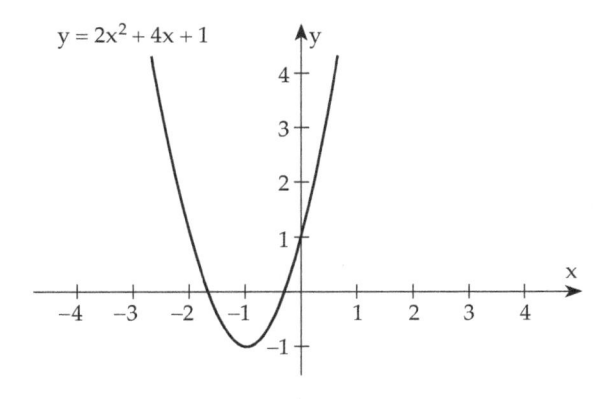

Observando a representação gráfica, percebemos que as raízes da equação equivalem aos pontos onde o traçado do gráfico "corta" ou "toca" o eixo horizontal x (eixo das abscissas), ou seja, onde y = 0 ou f(x) = 0.

Consideremos, então, as raízes reais que são representadas pelas abscissas dos pontos onde o traçado gráfico intercepta o eixo $\overline{OX}$. À esquerda da primeira raiz, o traçado do gráfico está acima do eixo (função positiva) e, à direita da raiz, está abaixo do eixo (função negativa). Para a segunda raiz, ocorre o inverso. O produto desses valores da função (positiva e negativa) será negativo, conforme o Teorema 1 de Ruggiero e Lopes (1988, p. 29).

Seja f(x) uma função contínua num intervalo [a; b].

Se f(a) · f(b) < 0 então existe pelo menos um ponto x = ε entre *a* e *b* que é zero de f(x).

[...]

OBSERVAÇÃO:

Sob as hipóteses do teorema anterior, se f'(x) existir e preservar o sinal em (a; b), então este intervalo contém um único zero de f(x).

Funções do tipo sempre crescente terão derivada positiva e funções do tipo sempre decrescente terão derivada negativa. A preservação do sinal da função derivada indica que a função primitiva não sofrerá mudança de tipo (crescente ou decrescente) no intervalo considerado.

Essa ideia simples – observar, na tabela de valores, onde há mudança de sinal em y ou *f(x)* (de **positivo para negativo ou de negativo para positivo**) – identifica os correspondentes valores de *(x)* que serão os extremos do intervalo de existência de uma raiz (ε) da equação a ser resolvida.

No Exemplo 2.12, observando a tabela de valores obtidos para y ou *f(x)*, verificamos uma mudança de sinal para valores de x no intervalo entre –2 e –1, ou seja, $\varepsilon_1 \in [-2; -1]$, e uma segunda mudança de sinal nos valores de y ou *f(x)* para valores de x no intervalo de –1 e 0, indicando que $\varepsilon_2 \in [-1; 0]$. A função analisada tem como representação gráfica uma parábola côncava para cima, com vértice em:

$$x = -\frac{b}{2a} = -\frac{4}{2 \cdot 2} = -1$$

À esquerda de x = 1, **a função é sempre decrescente**; à direita de x = –1, **a função é sempre crescente**.

Essa análise dos valores da tabela relacionando x e y pode ser utilizada em qualquer situação, não somente para funções elementares, no caso, uma função com equação de segundo grau, cujas raízes poderiam ser obtidas pela fórmula de Bhaskara. As equações de funções não elementares são denominadas *equações transcendentes* ou *transcendentais* e têm expressões mais elaboradas. Os exemplos apresentados na sequência tratam de situações dessa natureza.

Exemplo 2.12

Considere a função real dada pela equação:

$$f(x) = \sqrt{5-x} - 2^{x-1}$$

Determinando o domínio da função, observamos a ocorrência de radiciação de índice par, então: $5 - x \geq 0$ ou $x \leq 5$. Os valores de x são lançados na primeira linha (em ordem crescente) e são calculados os correspondentes valores de y ou $f(x)$, resultando em:

x	−2	−1	0	1	2	3	4	5
f(x)	+2,5207	+2,1994	+1,7360	+1,0000	−0,2679	−2,5857	−7,0000	−16,0000

A função é sempre decrescente e, pela observação dos sinais dos valores da função, a raiz está no intervalo [1; 2] ou $\varepsilon \in [1; 2]$. A função em análise é sempre decrescente, indicando que a função primeira derivada manterá o sinal (nesse caso, negativo) e haverá uma única raiz real para essa função.

A representação gráfica permite visualizar a função decrescente e a ocorrência de uma única raiz.

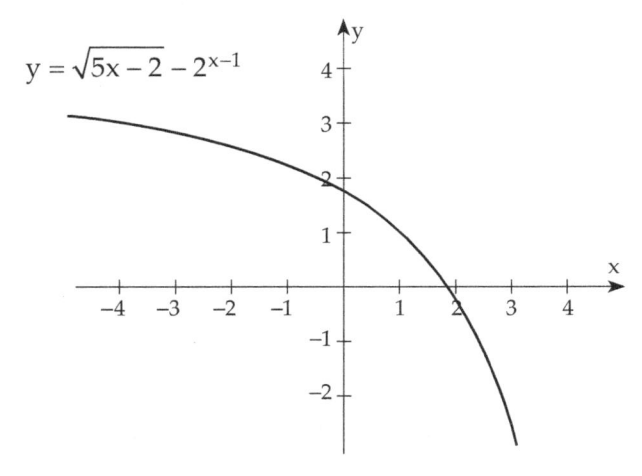

$$y = \sqrt{5x-2} - 2^{x-1}$$

Exemplo 2.13

Seja a função real representada pela equação transcendente:

$$f(x) = 3x - \frac{1}{\sqrt{3x}} - 3$$

Para determinar o domínio da função, devemos observar que ocorre uma radiciação de índice par no denominador, fazendo com que $3x > 0$ ou $x > 0$, os quais serão os valores do domínio da variável independente x. Construindo a tabela com valores de x atribuídos em ordem crescente, temos:

x	0,001	0,5	1	1,5	2	2,5	3	3,5
f(x)	−21,2544	−2,3164	−0,5773	+1,0285	+2,5917	+4,1348	+5,6666	+7,1913

A função é sempre crescente, tornando a função primeira derivada sempre positiva. A raiz está no intervalo [1; 1,5] ou $\varepsilon \in [1; 1,5]$, obtido pela observação da mudança de sinal (de negativo para positivo) nos valores de y ou $f(x)$.

O gráfico correspondente a essa função é:

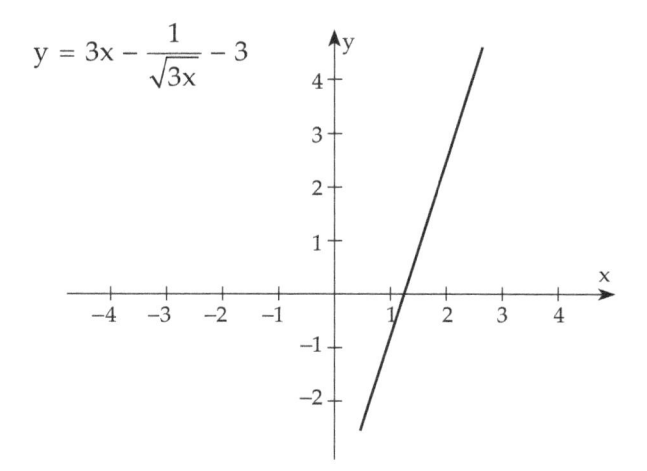

Exemplo 2.14

Considere a função dada por:

$$f(x) = \ln(3x - 1) + 2x$$

O domínio é dado pela consideração de $3x - 1 > 0$ ou $x > \frac{1}{3}$, em virtude da ocorrência de logaritmo na expressão. Construindo a tabela de valores, temos:

x	0,34	0,5	1	2	3	4	5
f(x)	−3,2320	+0,3068	+2,6931	+5,6094	+8,0794	+10,3978	12,6390

A função é sempre crescente e a única raiz está no intervalo [0,34; 0,5] ou $\varepsilon \in [0{,}34; 0{,}5]$. Isso pode ser visualizado no gráfico a seguir:

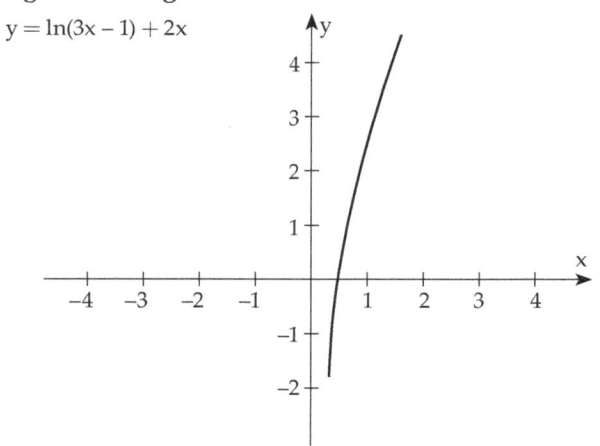

$y = \ln(3x - 1) + 2x$

2.1.2 Fase 2: refinamento da raiz

Após a determinação do intervalo que contém a raiz da função representada pela equação, devemos estabelecer a precisão desejada (ϵ) (optamos por $\epsilon = 10^{-2}$, com exatidão até a segunda casa decimal) para a raiz (ε) da equação e, então, empregar um dos diferentes métodos possíveis para a segunda fase.

Em todos os métodos apresentados na sequência, os resultados têm arredondamento feito na sexta casa após a vírgula. Independentemente do método escolhido, o resultado será o mesmo até a precisão requerida, podendo apresentar diferenças posteriores à casa de exatidão e no número de iterações (ciclos de cálculos que se repetem).

As iterações serão finalizadas quando for atendido um (ou ambos) dos critérios de parada, definidos por:

$$|f(\overline{x})| < \epsilon \text{ e/ou } |\overline{x} - \varepsilon| < \epsilon$$

O primeiro critério estabelece que o valor da função esteja muito próximo de zero, ou seja, $|f(x)| < 10^{-2}$. O segundo critério estabelece que a diferença entre o valor estimado para a raiz ($\overline{x}$) e a raiz da equação (ε) seja menor que a precisão desejada $|\overline{x} - \varepsilon| < 10^{-2}$.

Métodos de quebra do intervalo

Os métodos de quebra de intervalo realizam operações para diminuir o intervalo de existência da raiz de forma que os dois extremos se tornem cada vez mais próximos e a raiz continue sendo um ponto interno desse intervalo [a; b]. Na sequência destacamos cada um desses métodos.

a) Método da bissecção

Também denominado *método do meio intervalo* (MMI), consiste em dividir ao meio o intervalo [a; b] de existência da raiz, tomando como estimativa da raiz o ponto médio do intervalo:

$$\bar{x} = \frac{a+b}{2}$$

Com o intervalo particionado ao meio, deve-se escolher apropriadamente uma das partes e descartar a outra. A escolha é feita mediante a observação de sinais contrários (+ e –), que deverão ser mantidos para os valores da função nos extremos do intervalo. O processo é repetido algumas vezes até que um dos critérios de parada seja atendido.

Retomamos a seguir os Exemplos 2.12, 2.13 e 2.14.

Considere o Exemplo 2.12, com $f(x) = \sqrt{5-x} - 2^{x-1}$ e a raiz $\varepsilon \in [1; 2]$, sendo f(1) = 1,000000 e f(2) = 0,267949.

No extremo da esquerda do intervalo, ou seja, em x = 1, o valor da função é positivo; no extremo da direita, em x = 2, o valor da função é negativo. Essa característica será mantida em todas as iterações ou ciclos de cálculo. Calculando o ponto médio, temos $x = \frac{1+2}{2} = 1,5$, e o valor da função nesse ponto é f(1,5) = +0,456615. O valor positivo da função no ponto médio do intervalo fará com que o extremo a ser desprezado seja aquele que tinha valor de função positivo, ou seja, em x = 1. O novo intervalo de existência da raiz é dado por (1,5; 2). Devemos repetir essa análise sucessivamente. Os resultados são visualizados na tabela a seguir:

K – contador de iterações	a f(a) > 0	b f(b) < 0	$\bar{x} = \frac{a+b}{2}$	f($\bar{x}$)
1	1	2	1,5	+0,456615
2	1,5	2	1,75	+0,120982
3	1,75	2	1,875	–0,066241
4	1,75	1,875	1,8125	+0,029105
5	1,8125	1,875	1,84375	–0,018125
6	1,8125	1,84375	1,828125	+0,005599

A raiz é aproximadamente igual a 1,828125, com erro menor que 10^{-2}. Observamos que foi atendido um dos critérios de parada, ou seja, |f(x)| < 10^{-2}. Esse resultado foi obtido com seis iterações.

Para o Exemplo 2.13, temos $f(x) = 3x - \frac{1}{\sqrt{3x}} - 3$, com a raiz $\varepsilon \in [1; 1,5]$, sendo f(1) = –0,577350 e f(1,5) = +1,028595. O processo de cálculo em cada iteração particiona ao meio o intervalo de existência da raiz. Escolhe-se uma das partes pela análise do sinal do valor da função no ponto médio e repete-se a rotina de cálculo até que um dos critérios de parada seja atendido. Apresentando os resultados em uma tabela, temos:

K – contador de iterações	a f(a) < 0	b f(b) > 0	$\bar{x} = \dfrac{a+b}{2}$	$f(\bar{x})$
1	1	1,5	1,25	+0,233602
2	1	1,25	1,125	−0,169331
3	1,125	1,25	1,1875	+0,032687
4	1,125	1,1875	1,15625	−0,068175
5	1,15625	1,1875	1,171875	−0,017708
6	1,171875	1,1875	1,1796875	+0,007498

A raiz é aproximadamente igual a 1,1796875, com erro menor que 10^{-2}. Observamos que foram atendidos os dois critérios de parada, ou seja, $|f(x)| < 10^{-2}$ e $|\bar{x} - \varepsilon| < 10^{-2}$. O segundo critério de parada é testado utilizando a diferença entre as duas últimas avaliações de $\bar{x}$. A precisão requerida foi obtida com seis iterações.

No Exemplo 2.14, considerando a função: $f(x) = \ln(3x - 1) + 2x$, a raiz está no intervalo [0,34; 0,5] ou $\varepsilon \in [0,34; 0,5]$. Os valores da função nesses extremos são $f(0,34) = f(a) = -3,232023$ e $f(0,5) = f(b) = 0,306853$.

Utilizando o processo de cálculo de particionar ao meio o intervalo de existência da raiz, escolhemos uma das partes e repetimos a rotina de cálculo até que um dos critérios de parada seja atendido para avaliar a raiz da equação. A tabela a seguir apresenta os valores obtidos.

K – contador de iterações	a f(a) < 0	b f(b) > 0	$\bar{x} = \dfrac{a+b}{2}$	$f(\bar{x})$
1	0,34	0,5	0,42	−0,507074
2	0,42	0,5	0,46	−0,047584
3	0,46	0,5	0,48	+0,139019
4	0,46	0,48	0,47	+0,048402
5	0,46	0,47	0,465	+0,001130

A raiz é $\varepsilon \cong 0,465$, com exatidão até a segunda casa decimal. Observamos que foram atendidos os dois critérios de parada e o resultado foi obtido com cinco iterações.

b) Método da posição falsa

É similar ao método anterior, sendo a estimativa da raiz feita pelo emprego de média ponderada.

$$\bar{x} = \dfrac{a \cdot f(b) - b \cdot f(a)}{f(b) - f(a)}$$

Retomamos novamente a seguir os Exemplos 2.12, 2.13 e 2.14.

No caso do exemplo 2.12, temos: $f(x) = \sqrt{5-x} - 2^{x-1}$ e raiz $\varepsilon \in [1; 2]$, sendo $f(1) = f(a) = 1,000000$ e $f(2) = f(b) = 0,267949$. Com a utilização desses valores conhecidos, é possível determinarmos a estimativa para a raiz ε denotada por $\bar{x}$ com os valores apresentados na tabela a seguir:

K – contador de iterações	a f(a) > 0	b f(b) < 0	$\bar{x} = \dfrac{a \cdot f(b) - b \cdot f(a)}{f(b) - f(a)}$	f($\bar{x}$)
1	1	2	1,788675	+0,064530
2	1,788675	2	1,829691	+0,003231

A raiz é aproximadamente igual a 1,829691, com erro menor que 10^{-2}. Observamos que foi atendido um dos critérios de parada, ou seja, $|f(x)| < 10^{-2}$. Esse resultado foi obtido com duas iterações.

No Exemplo 2.13, temos $f(x) = 3x - \dfrac{1}{\sqrt{3x}} - 3$, com a raiz $\varepsilon \in [1; 1,5]$, sendo $f(1) = f(a) = -0,577350$ e $f(1,5) = f(b) = +1,028595$. Utilizando esses valores, é possível determinarmos as avaliações para a raiz apresentadas na tabela:

K – contador de iterações	a f(a) < 0	b f(b) > 0	$\bar{x} = \dfrac{a \cdot f(b) - b \cdot f(a)}{f(b) - f(a)}$	f($\bar{x}$)
1	1	1,5	1,179754	+0,007713

A raiz é aproximadamente igual a 1,179754, com erro menor que 10^{-2}. Observamos que foi atendido um dos critérios de parada, ou seja, $|f(x)| < 10^{-2}$. Esse resultado foi obtido com uma iteração.

Para o Exemplo 2.14, considerando a função $f(x) = \ln(3x - 1) + 2x$, com raiz no intervalo [0,34; 0,5] ou $\varepsilon \in [0,34; 0,5]$, sendo $f(0,34) = f(a) = -3,232023$ e $f(0,5) = f(b) = +0,306852$.

K – contador de iterações	a f(a) < 0	b f(b) > 0	$\bar{x} = \dfrac{a \cdot f(b) - b \cdot f(a)}{f(b) - f(a)}$	f($\bar{x}$)
1	0,34	0,5	0,486127	+0,192199
2	0,34	0,486127	0,477925	+0,120621
3	0,34	0,477925	0,472963	+0,075777

A raiz é $\varepsilon \cong 0,472963$, com exatidão até a segunda casa decimal. Observamos que foi atendido o critério de parada $|\bar{x} - \varepsilon| < 10^{-2}$ e o resultado foi obtido com três iterações.

Os métodos de quebra de intervalo são simples de serem utilizados porque envolvem o cálculo da raiz real da função mediante determinação de médias. Evidentemente, o cálculo de média aritmética é mais simples que o cálculo de média ponderada. Quanto mais simples for o cálculo, a princípio, maior será o número de iterações requeridas para a obtenção da raiz real da função.

Métodos de ponto fixo

O problema de determinar os valores de x tal que $f(x) = 0$, em que $f(x)$ é não linear em [a; b] é resolvido por uma substituição na forma:

$$\varphi(x) = x + c(x) \cdot f(x)$$

Deve ser escolhido $c(x)$ de modo que $c(x) \neq 0$, $\forall x \in [a; b]$. Os métodos transferem a solução de $f(x) = 0$ para achar soluções de $x = \varphi(x)$.

Denotando o domínio de $f(x)$ por $I = [a; \ b]$, as funções $\varphi(x)$ obtidas pela substituição devem atender a duas condições:

1. $\varphi(x)$ é contínua no intervalo $[a; b]$.
2. $\varphi(I) \subseteq I$.

Então, existe pelo menos um $x \in I$ tal que $\varphi(x) = x$, isto é, $\varphi(x)$ tem pelo menos um ponto fixo em I.

a) Método iterativo linear

Consiste em transformar a função f(x) contínua no intervalo [a; b] em uma equação equivalente $x = \varphi(x)$ e, a partir de uma aproximação inicial x_0 (atribuída no intervalo de existência da raiz), gerar uma sequência de aproximações para a raiz pela relação:

$$x_{k+1} = \varphi(x_k)$$

A função $\varphi(x)$ é denominada *função de iteração*. Normalmente ocorre mais de uma função de iteração: algumas podem gerar sequências convergentes (com determinação da raiz no intervalo considerado), outras podem gerar sequências divergentes (sem determinação da raiz no intervalo). As funções de iteração são obtidas pela transformação na equação original f(x) = 0.

A seguir, retomamos mais uma vez os Exemplos 2.12, 2.13 e 2.14.

No Exemplo 2.12, temos: $f(x) = \sqrt{5-x} - 2^{x-1}$ com a raiz $\varepsilon \in [1; \ 2]$. Considerando $\sqrt{5-x} - 2^{x-1} = 0$, podemos escrever:

$$\sqrt{5-x} = 2^{x-1}$$

Elevando ao quadrado os dois lados da igualdade, e considerando que $\varepsilon \in [1; \ 2]$, em que o radicando será sempre positivo, podemos escrever:

$$5 - x = (2^{x-1})^2 = 2^{2x-2}$$

Isolando x no lado esquerdo da igualdade:

$$x = 5 - 2^{2x-2}$$

$\varphi_1(x) = 5 - 2^{2x-2}$ (Primeira opção de função de iteração.)

Temos a atribuição inicial $x_0 = 1,5$ (normalmente o ponto médio do intervalo de existência da raiz, mas não necessariamente, ou seja, poderia ser qualquer valor dentro do intervalo de existência da raiz) e, gerando a tabela para as iterações, obtemos:

K – Contador de iterações ou de ciclos	$x_{k+1} = \varphi(x_k) = 5 - 2^{2x-2}$
0	3
1	−11

Observamos que as estimativas da raiz (x_k) estão fora do intervalo [1; 2], gerando uma **sequência divergente** de cálculos.

Podemos buscar outra função de iteração. Considerando $\sqrt{5-x} - 2^{x-1} = 0$, temos: $\sqrt{5-x} = 2^{x-1}$.

Aplicando logaritmo (escolhemos o logaritmo neperiano) nos dois lados da igualdade, temos como resultado:

$$\ln(\sqrt{5-x}) = \ln(2^{x-1}) = (x-1) \cdot \ln(2)$$

Isolando x no lado direito da igualdade, obtemos:

$$x = 1 + \frac{\ln(\sqrt{5-x})}{\ln(2)} = \varphi_2(x)$$

$$\varphi_2(x) = 1 + \frac{\ln(\sqrt{5-x})}{\ln(2)} \quad \text{(Segunda opção de função de iteração)}$$

Com a atribuição inicial $x_0 = 1,5$ (ponto médio do intervalo de existência da raiz), as demais atribuições para a incógnita (raiz) são aquelas obtidas na iteração anterior. Acompanhe na tabela:

K – Contador de iterações ou de ciclos	$x_{k+1} = \varphi(x_k) = 1 + \frac{\ln\sqrt{5-x_k}}{\ln(2)}$
0	1,903677
1	1,815278
2	1,835583
3	1,830970

Observamos que as estimativas da raiz (x_k) estão dentro do intervalo [1; 2], gerando uma **sequência convergente** de cálculos. A raiz é aproximadamente igual a 1,830970, com erro menor que 10^{-2}. Podemos notar que foi atendido um dos critérios de parada, ou seja, $|\bar{x} - \varepsilon| < 10^{-2}$. Esse resultado foi obtido com quatro iterações (de 0 até 3).

Analisando o Exemplo 2.13, temos $f(x) = 3x - \frac{1}{\sqrt{3x}} - 3$, com a raiz $\varepsilon \in [1; 1,5]$.

Considerando $3x - \frac{1}{\sqrt{3x}} - 3 = 0$, temos:

$$3x = \frac{1}{\sqrt{3x}} + 3$$

$$x = \frac{\frac{1}{\sqrt{3x}} + 3}{3} = \frac{1}{3\sqrt{3x}} + 1$$

$$\varphi_1(x) = \frac{1}{3\sqrt{3x}} + 1 \qquad \text{(Primeira opção de função de iteração.)}$$

Com a atribuição inicial $x_0 = 1{,}25$ (ponto médio do intervalo de existência da raiz), temos a tabela a seguir:

K – Contador de iterações ou de ciclos	$x_{k+1} = \varphi(x_k) = \dfrac{1}{3\sqrt{3x}} + 1$
0	1,172132
1	1,177758

Observamos que as estimativas da raiz (x_k) estão dentro do intervalo [1; 1,5], gerando uma sequência convergente de cálculos. A raiz é aproximadamente igual a 1,177758, com erro menor que 10^{-2}. Foi atendido um dos critérios de parada, ou seja, $|\bar{x} - \varepsilon| < 10^{-2}$. Esse resultado foi obtido com duas iterações (de 0 até 1). Havendo convergência para um valor de estimativa da raiz, não é necessário testar outra possível função de iteração.

No Exemplo 2.14, consideramos a função: $f(x) = \ln(3x - 1) + 2x$, com raiz no intervalo [0,34; 0,5] ou $\varepsilon \in [0{,}34;\, 0{,}5]$. A resolução é a seguinte:

$$\ln(3x - 1) + 2x = 0 \quad \text{com} \quad x_0 = 0{,}42$$

$$\ln(3x - 1) = -2x$$

$$e^{\ln(3x-1)} = e^{-2x}$$

$$3x - 1 = e^{-2x}$$

$$x = \frac{1 + e^{-2x}}{3}$$

$$\varphi_1(x) = \frac{1 + e^{-2x}}{3}, \text{ gerando a sequência apresentada na tabela a seguir:}$$

K – Contador de iterações ou de ciclos	$x_{k+1} = \varphi(x_k) = \dfrac{1 + e^{-2x}}{3}$
0	+0,477237
1	+0,461672
2	+0,465730

A sequência convergente com raiz é estimada em 0,465730, com precisão até a segunda casa decimal obtida com três iterações.

b) Método de Newton-Raphson

Também denominado *método das tangentes*, busca garantir e acelerar a convergência do método iterativo linear com o emprego da função derivada $f'(x)$.

Partindo da forma geral dos métodos de ponto fixo:

$$\varphi(x) = x + c(x) \cdot f(x)$$

Derivando em relação a x:

$$\varphi'(x) = 1 + c(x) \cdot f'(x) + c'(x) \cdot f(x)$$

Buscamos uma solução em que $f(x) = 0$, o que nos leva a:

$$\varphi'(x) = 1 + c(x) \cdot f'(x)$$

Fazendo $\varphi'(x) = 0$ (condição de ponto máximo), temos como resultado $c(x) = -\dfrac{1}{f'(x)}$.
Logo:

$$\varphi(x) = x - \dfrac{f(x)}{f'(x)}$$

A sequência de estimativas para a raiz da equação $f(x)$ é calculada por:

$$x_{k+1} = x_k - \dfrac{f(x_k)}{f'(x_k)}$$

A dificuldade na aplicação desse método está no cálculo da função derivada. É necessário conhecer as regras de derivação para obter a expressão de forma correta. O método de Newton-Raphson, muitas vezes, converge mais rapidamente (requer menos iterações) para a raiz da equação que os demais métodos.

Retomemos os Exemplos 2.12, 2.13 e 2.14.

No Exemplo 2.12, temos $f(x) = \sqrt{5-x} - 2^{x-1}$, com a raiz $\varepsilon \in [1;\ 2]$.
Calculando a expressão da derivada:

$$f'(x) = \frac{1}{2} \cdot (5-x)^{-\frac{1}{2}} \cdot (-1) - 2^{x-1} \cdot \ln(2) = -\frac{1}{2 \cdot \sqrt{5-x}} - 2^{x-1} \cdot \ln(2)$$

Usando a atribuição inicial $x_0 = 1{,}5$, temos a seguinte tabela:

K	x_k	$x_{k+1} = x_k - \dfrac{f(x_k)}{f'(x_k)}$ $x_{k+1} = x_k + \dfrac{\sqrt{5-x_k} - 2^{x_k-1}}{\dfrac{1}{2 \cdot \sqrt{5-x_k}} + 2^{x_k-1} \cdot \ln(2)}$	$f(x_{k+1})$
0	1,5	$1{,}5 + \dfrac{0{,}456615}{1{,}247519} = 1{,}866018$	−0,052320
1	1,866018	$1{,}866018 + \dfrac{-0{,}052320}{1{,}545785} = 1{,}832171$	−0,000523

Observamos que as estimativas da raiz (x_k) estão no intervalo [1; 2]. A raiz é aproximadamente igual a 1,832171, com erro menor que 10^{-2}. Foi atendido um dos critérios de parada, ou seja, $|f(\overline{x})| < 10^{-2}$. Esse resultado foi obtido com duas iterações (de 0 até 1).

No exemplo 2.13, temos $f(x) = 3x - \dfrac{1}{\sqrt{3x}} - 3$, com a raiz $\varepsilon \in [1;\ 1{,}5]$.

Calculando a expressão da derivada:

$$f'(x) = 3 - \left(-\frac{1}{2}\right) \cdot (3x)^{-\frac{3}{2}} \cdot (3) = 3 + \frac{3}{2\sqrt{(3x)^3}} = 3 \cdot \left(1 + \frac{1}{6x\sqrt{3x}}\right)$$

Usando a atribuição inicial $x_0 = 1{,}25$, obtemos a tabela:

K	x_k	$x_{k+1} = x_k - \dfrac{f(x_k)}{f'(x_k)}$ $x_{k+1} = x_k - \dfrac{3x_k - \dfrac{1}{\sqrt{3x_k}} - 3}{3 \cdot \left(1 + \dfrac{1}{6x_k\sqrt{3x_k}}\right)}$	$f(x_{k+1})$
0	1,25	$1{,}25 - \dfrac{0{,}233602}{3{,}206559} = 1{,}177149$	−0,000691

A raiz é aproximadamente igual a 1,177148, com erro menor que 10^{-2}. Observamos que foi atendido um dos critérios de parada, ou seja, $|f(\bar{x})| < 10^{-2}$. Esse resultado foi obtido com uma iteração.

Considerando o Exemplo 2.14, temos a função $f(x) = \ln(3x - 1) + 2x$, cuja raiz está no intervalo [0,34; 0,5] ou $\varepsilon \in$ [0,34; 0,5]. A obtenção da raiz ou do zero dessa função pelo método de Newton-Raphson é apresentada a seguir:

$$f'(x) = \frac{3}{3x - 1} + 2, \text{ com } x_0 = 0,42$$

K	x_k	$x_{k+1} = x_k - \frac{f(x_k)}{f'(x_k)} = x_k - \frac{\ln(3x_k - 1) + 2x_k}{\frac{3}{3x_k - 1} + 2}$	$f(x_{k+1})$
0	0,42	$0,42 - \frac{-0,507074}{13,538462} = 0,457454$	−0,072978
1	0,457454303	$0,457454 - \frac{-0,072978}{10,056656} = 0,464711$	−0,001645

A raiz é aproximadamente igual a 0,464711, com erro menor que 10^{-2}. Um critério de parada foi atendido: $|f(\bar{x})| < 10^{-2}$. Esse resultado foi obtido com duas iterações.

Método de passos múltiplos

Nesse método, é necessária mais de uma atribuição inicial (ou estimativa) para realizar uma nova estimativa da raiz da equação.

a) Método da secante: Substitui a expressão da derivada do método anterior (que pode ser difícil de calcular) por uma aproximação:

$$f'(x_k) \cong \frac{\Delta y}{\Delta x} = \frac{f(x_k) - f(x_{k-1})}{x_k - x_{k-1}}$$

Isso nos leva à expressão:

$$x_{k+1} = \frac{x_{k-1} \cdot f(x_k) - x_k \cdot f(x_{k-1})}{f(x_k) - f(x_{k-1})}$$

São necessárias duas atribuições iniciais para calcular uma primeira estimativa. Essas atribuições são diferentes entre si e de livre escolha no intervalo de existência da raiz. A expressão utilizada para a estimativa da raiz é a mesma que a utilizada no método da falsa posição.

A distinção é que o método da falsa posição utiliza os extremos do intervalo que contém a raiz e os valores de função nesses extremos para realizar uma nova avaliação para a raiz da função real, enquanto no método da secante, as atribuições iniciais são arbitradas dentro do intervalo de existência da raiz, o que ocasiona uma menor quantidade de iterações para atender à precisão requerida para a estimativa da raiz.

Retomamos novamente a seguir os Exemplos 2.12, 2.13 e 2.14.

No Exemplo 2.12, temos $f(x) = \sqrt{5-x} - 2^{x-1}$, com a raiz $\varepsilon \in [1; 2]$.

Usando a atribuição inicial $x_0 = 1,4$ e $x_1 = 1,7$, temos $f(1,4) = 0,577859$ e $f(1,7) = 0,299034$. Veja a representação na tabela:

K	Atribuições	$x_{k+1} = \dfrac{x_{k-1} \cdot f(x_k) - x_k \cdot f(x_{k-1})}{f(x_k) - f(x_{k-1})}$	$f(x_{k+1})$
1	$x_0 = 1,4$ e $x_1 = 1,7$	$x_2 = 2,021744$	$-0,304609$
2	$x_1 = 1,7$ e $x_2 = 2,021744$	$x_3 = 1,859386$	$-0,042088$
3	$x_2 = 2,021744$ e $x_3 = 1,859386$	$x_4 = 1,833356$	$-0,002319$

A raiz é aproximadamente igual a 1,833356, com erro menor que 10^{-2}. Observamos que foi atendido um dos critérios de parada, ou seja, $|f(x)| < 10^{-2}$. Esse resultado foi obtido com 3 iterações.

Um detalhe a ser observado é que o valor obtido na primeira iteração está fora do intervalo de existência da raiz. Isso ocorre porque as duas atribuições iniciais são arbitrárias. O processo iterativo deve ser continuado, pois, nas iterações seguintes, as novas estimativas da raiz estarão no intervalo que contém a raiz. O resultado que atende ao critério de parada foi obtido com três iterações.

No Exemplo 2.13, temos $f(x) = 3x - \dfrac{1}{\sqrt{3x}} - 3$, com a raiz $\varepsilon \in [1; 1,5]$.

Usando a atribuição inicial $x_0 = 1,2$ e $x_1 = 1,3$, temos $f(1,2) = 0,072953723$ e $f(1,3) = 0,393630316$. A representação está indicada na tabela a seguir:

K	Atribuições	$x_{k+1} = \dfrac{x_{k-1} \cdot f(x_k) - x_k \cdot f(x_{k-1})}{f(x_k) - f(x_{k-1})}$	$f(x_{k+1})$
1	$x_0 = 1,2$ e $x_1 = 1,3$	$x_2 = 1,177250$	$-0,000364$

A raiz é aproximadamente igual a 1,177250, com erro menor que 10^{-2}. Observamos que foi atendido um dos critérios de parada, ou seja, $|f(x)| < 10^{-2}$. Esse resultado foi obtido com uma iteração.

No Exemplo 2.14, considerando a função $f(x) = \ln(3x - 1) + 2x$, a raiz está no intervalo $[0,34; 0,5]$ ou $\varepsilon \in [0,34; 0,5]$. Calculando pelo método da secante com atribuições $x_0 = 0,4$ e $x_1 = 0,45$, temos como resultado: $f(0,4) = 0,809438$ e $f(0,45) = 0,149822$.

A representação consta na tabela a seguir:

K	Atribuições	$x_{k+1} = \dfrac{x_{k-1} \cdot f(x_k) - x_k \cdot f(x_{k-1})}{f(x_k) - f(x_{k-1})}$	$f(x_{k+1})$
1	$x_0 = 0{,}4$ e $x_1 = 0{,}45$	$x_2 = 0{,}461357$	$-0{,}034216$
2	$x_1 = 0{,}45$ e $x_2 = 0{,}4613567$	$x_3 = 0{,}464718$	$-0{,}001579$

A raiz é aproximadamente igual a 0,464718, com erro menor que 10^{-2}. Os dois critérios de parada foram atendidos e o resultado foi obtido com duas iterações.

Comparação entre os métodos (estudo da convergência)

Os métodos da bissecção e da posição falsa são convergentes se a função for contínua no intervalo [a; b] de existência da raiz, porém o número de iterações necessárias para a obtenção da raiz é elevado em relação aos demais métodos. Os cálculos são simples porque utilizam média aritmética (método da bissecção) e média ponderada (método da posição falsa).

O método da iteração linear pode apresentar diversas opções para a função de iteração, e a determinação dessas funções de iteração depende de conhecimento e traquejo com a matemática básica, além de que nem todas as sequências de cálculo serão convergentes, o que pode ser uma dificuldade para o emprego do método. Ainda, ele utiliza um número de iterações não elevado, o que requer menor tempo de processamento para resolução se for utilizado um computador.

O método de Newton-Raphson pode apresentar dificuldade quando da determinação da expressão da derivada, porém o número de iterações e o tempo de processamento são bastante reduzidos.

O método da secante é uma forma aproximada para o método de Newton-Raphson e requer um pouco mais de iterações para a obtenção da estimativa de raiz da função se comparado a este último. O método da secante utilizando atribuições internas ao intervalo que contém a raiz requer menos iterações que o método da falsa posição, o qual calcula as aproximações de raiz com a mesma fórmula.

Observando os resultados dos exemplos estudados, podemos concluir que a escolha de um método está relacionada com a própria equação a ser resolvida, com o comportamento dessa função no intervalo [a; b], com as dificuldades de cálculo da derivada no método de Newton-Raphson e com o critério de parada.

Resultados melhores podem ser obtidos com o aumento da quantidade de casas decimais em cada cálculo. O emprego do computador para uma rotina de cálculo de cada método poderá fornecer facilmente resultados com exatidão de até 10 ou mais casas decimais.

É importante ressaltarmos que o conteúdo apresentado aqui envolveu funções de uma única raiz real. Quando a função tiver raiz complexa, não se aplicam esses procedimentos.

Síntese

Situações cotidianas podem requerer a determinação de raízes de equações. Em casos simples, existem técnicas que permitem calcular a raiz exata da equação. Quando a função é representada por uma equação mais elaborada ou mesmo em situações para determinação de raízes de alguma equação simples, o cálculo numérico apresenta procedimentos para a solução dessas questões.

A determinação do intervalo de existência da raiz real da função $y = f(x)$ constitui a primeira fase dos procedimentos numéricos. Diferentes métodos podem ser usados na segunda fase do processo, alguns dos quais utilizam cálculos bastante simples e requerem um maior número de iterações para avaliar a raiz com uma precisão previamente estabelecida. Outros podem requerer menos iterações, porém envolvem cálculo um pouco mais elaborado.

As respostas apresentadas pelos diferentes métodos para o cálculo da raiz real da função serão valores bastante próximos ao valor exato da raiz.

Atividades de autoavaliação

1) Considere a função $y = x + 5\ln(x) - 2$. Que valores de x você utilizaria para construir uma tabela com a finalidade de determinar o intervalo de existência da raiz? Ou seja, qual é o domínio dessa função?

    a. $x \geq 0$.
    b. $x > 0$.
    c. $x < 0$.
    d. Todos os reais.

2) Utilizando o método iterativo linear, quais seriam as funções de iteração para a função $y = x + 5\ln(x) - 2$?

    a. $x = 2 - 5\ln(x)$; $x = e^{\frac{2-x}{5}}$; $x = \sqrt[5]{e^{2-x}}$.
    b. $x = 2 + 5\ln(x)$; $x = e^{\frac{2-x}{5}}$; $x = \sqrt[5]{e^{2-x}}$.
    c. $x = 2 - 5\ln(x)$; $x = e^{\frac{2-x}{5}}$.
    d. $x = 2 + 5\ln(x)$; $x = \sqrt[5]{e^{2-x}}$.

3) Na função y = x + 5ln(x) − 2, em qual intervalo estará a raiz?
   a. [0; 1].
   b. [−1; 0].
   c. [1; 2].
   d. [2; 3].

4) Quais métodos usam a mesma fórmula para estimar a raiz de uma função?
   a. Newton-Raphson e secante.
   b. Secante e falsa posição.
   c. Falsa posição e bissecção.
   d. Bissecção e iterativo linear.

5) Na função y = x + 5ln(x) − 2, qual é o valor da raiz obtido utilizando o método da bissecção, precisão de 10^{-2}, e calculando com arredondamento na sexta casa decimal?
   a. 0,531845.
   b. 0,494412.
   c. 0,382113.
   d. 0,453125.

Atividades de aprendizagem

Questão para reflexão

1) Considerando a equação: y = x + 5ln(x) − 2, responda:
   a. Que característica da função justifica a existência de somente uma raiz?
   b. Considerando o método iterativo linear, quais seriam as possíveis funções de iteração para as três equações?

Atividade aplicada: prática

1) Considere as equações dadas a seguir:
   a. y = 2x − cos(x)
   b. y = x^3 − 2x − 5

   Utilize precisão $\epsilon = 10^{-2}$ e realize seus cálculos com 6 casas decimais.
   a. Por meio do método da bissecção, determine a raiz da primeira equação.
   b. Determine a raiz da segunda equação pelo método da falsa posição.
   c. Determine a raiz da segunda equação pelo método de Newton-Raphson.

3
Derivação e integração numérica

Uma função é a relação entre valores numéricos de dois ou mais conjuntos, estabelecida por uma lei de formação. Considerando a situação mais simples que envolve somente dois conjuntos, *função* é uma lei ou regra que associa cada elemento x do conjunto domínio **A** a um único elemento y de um conjunto contradomínio **B**. Denotamos essa relação por y = f(x).

Realizar derivações das expressões de y = f(x) é relativamente simples porque existem formulários conhecidos e frequentemente aplicados.

Realizar integrações definidas das expressões de *f(x)* em um intervalo [a; b] pode ser fácil ou envolver cálculo mais elaborado em situações não imediatas de emprego de formulário específico.

O cálculo diferencial e integral soluciona essas questões em boa parte das situações cotidianas. Porém, não em todas.

Como recursos para a solução de processos de derivação e de integração, podem ser utilizados procedimentos numéricos que permitirão mensurar a derivada de uma função em um ponto desejado e a integral definida em um intervalo considerado.

3.1 Derivação numérica

A derivada de uma função é a taxa de variação da variável dependente y pela variação da variável independente x. Essa taxa pode ser facilmente obtida quando é conhecida a equação y = f(x) relacionando as duas variáveis.

Em algumas situações isso não acontece e a função y = f(x) é representada por uma tabela de valores (x_i; f(x_i)) igualmente espaçados, em que $x_i = x_0 + 1 \cdot h$, com i = 0, +0, ±1, ±2, ...

O cálculo da derivada de uma função y = f(x) em determinado ponto x_i pode ser obtido mediante o emprego de diferentes procedimentos numéricos.

Processos envolvendo diferenças finitas são adequados quando os valores das abscissas x_i são próximos e os dados y_i não sofrem diferenças significativas. Quando os dados oscilam, é possível recorrer a funções de ajuste ou de interpolação de curvas.

3.1.1 Aproximação da derivada por diferenças finitas

Existem várias formas para essa determinação. Vamos ver um exemplo empregando **diferenças progressivas**, de forma que a derivada $f'(x_0)$ de uma função *f(x)* no ponto x_0 seja dada por:

$$f'(x_0) = \lim_{h \to 0} \frac{f(x_0 + h) - f(x_0)}{h}$$

Em que h é denominado *passo*.

Sendo $h \neq 0$ e pequeno (não muito pequeno, para evitar o cancelamento catastrófico), uma aproximação para a derivada no ponto x_0 é dada por:

$$f'(x_0) \approx \frac{f(x_0 + h) - f(x_0)}{h}$$

Se h for exatamente igual à diferença entre x_1 e x_0, temos $x_1 = x_0 + h$, então:

$$f'(x_0) \approx \frac{f(x_1) - f(x_0)}{h}$$

Exemplo 3.1

Vamos, agora, calcular a derivada numérica da função $f(x) = \cos(x)$ no ponto $x = x_0 = 1$ (radiano) utilizando $h = 0{,}1$, $h = 0{,}01$, $h = 0{,}001$ e $h = 0{,}0001$.

Solução:

Inicialmente, calculamos $f(x_0) = \cos(x) = \cos(1) = 0{,}540302305$. O valor do ângulo x é tomado em radianos.

Tabelando a derivada numérica para cada valor de h, obtemos como resultado:

h	$f(x_0 + h) = f(x_1)$	$f'(x_0) \approx \dfrac{f(x_1) - f(x_0)}{h}$
0,1	$\cos(1{,}1) = 0{,}453596121$	$\dfrac{0{,}453596121 - 0{,}540302305}{0{,}1} = -0{,}86706184$
0,01	$\cos(1{,}01) = 0{,}53160721$	$\dfrac{0{,}531860721 - 0{,}540302305}{0{,}01} = -0{,}8441584$
0,001	$\cos(1{,}001) = 0{,}539460564$	$\dfrac{0{,}539460564 - 0{,}540302305}{0{,}001} = -0{,}841741$
0,0001	$\cos(1{,}0001) = 0{,}540218156$	$\dfrac{0{,}540218156 - 0{,}540302305}{0{,}0001} = -0{,}84149$

A derivada de $f(x) = \cos(x)$ é dada por $f(x) = -\text{sen}(x)$, resultando no ponto $x_0 = 1$ o valor $f'(1) = -\text{sen}(1) = -0{,}841470984$ (x utilizado em radianos).

Observando na tabela os valores obtidos para a derivada da função, verificamos que, quanto menor for o valor de h, melhor será o resultado, ou seja, mais ele se aproximará do valor exato obtido pelo processo de derivação analítico. É necessário salientarmos a importância na escolha do valor de h, porque uma constante diminuição levará ao cancelamento catastrófico, quando h for da ordem de 10^{-2} (para alguns computadores e próximo dessa grandeza para outros.

Outras formas possíveis para a determinação da derivada de uma função em um ponto x_0 por meio de diferenças finitas são as diferenças regressivas e as diferenças centradas.

Por **diferenças regressivas**, calculamos:

$$f'(x_0) \approx \frac{f(x_0) - f(x_0 - h)}{h}$$

Por **diferenças centradas**, calculamos:

$$f'(x_0) \approx \frac{f(x_0 + h) - f(x_0 - h)}{2h}$$

A tabela a seguir apresenta os valores obtidos para a derivada de $f(x) = \cos(x)$ no ponto $x_0 = 1$ pelos três procedimentos, com diferentes valores de h.

h	Diferenças progressivas	Diferenças regressivas	Diferenças centradas
0,1	$\frac{\cos(1,1) - \cos(1)}{0,1} =$ $= -0,867061844$	$\frac{\cos(1) - \cos(0,9)}{0,1} =$ $= -0,813076624$	$\frac{\cos(1,1) - \cos(0,9)}{0,2} =$ $= -0,840069234$
0,01	$\frac{\cos(1,01) - \cos(1)}{0,01} =$ $= -0,844158449$	$\frac{\cos(1) - \cos(0,99)}{0,01} =$ $= -0,838755471$	$\frac{\cos(1,01) - \cos(0,99)}{0,02} =$ $= -0,84145696$
0,001	$\frac{\cos(1,001) - \cos(1)}{0,001} =$ $= -0,841740995$	$\frac{\cos(1) - \cos(0,999)}{0,001} =$ $= -0,841200693$	$\frac{\cos(1,001) - \cos(0,999)}{0,002} =$ $= -0,841470844$

Observando a tabela de valores, verificamos que, quanto menor for o valor de h, melhor será o valor numérico obtido para o cálculo da derivada da função e menor será o erro cometido na avaliação. Em relação aos três procedimentos, a técnica numérica por diferenças centradas apresenta valores mais próximos daquele obtido pela solução analítica e exata ($f'(1) = -\text{sen}(1) = -0,841470984$).

Os erros surgem em razão do truncamento e do arredondamento nos cálculos. É possível demonstrar que os erros de truncamento são da ordem de $\frac{h}{2}$ e os erros de arredondamento podem ser propagados, estando relacionados com o valor da segunda derivada da função no intervalo [x; x + h]. Tais erros podem ser estimados por $M = \frac{1}{2} \max_{x \leq y \leq x+h} |f''(y)|$, que permite escolher um valor apropriado para h.

3.1.2 Aproximação da derivada por interpolação de curvas

O conceito de **interpolação** considera um conjunto de n + 1 pontos de uma função y = f(x) sendo representados por uma função polinomial $P_n(x)$. Então, a derivada dessa polinomial $P'_n(x)$ é usada para diferenciação numérica da derivada desejada, y' = f'(x).

Situações mais comuns utilizam interpolação de Lagrange para determinar o polinômio interpolador. A quantidade de pontos da tabela de dados utilizada para promover a interpolação estabelecerá um processo distinto para a determinação do valor da derivada.

Para aproximar a derivada de uma função *f(x)* em x_0, x_1 e x_2, podemos empregar **três pontos vizinhos** $(x_0; f(x_0))$; $(x_1; f(x_1))$ e $(x_2; f(x_2))$. É possível deduzirmos por meio da ideia de **diferenças progressivas**:

$$f'(x_0) = \frac{1}{2h}\left[-3f(x_0) + 4f(x_0 + h) - f(x_0 + 2h)\right] + \frac{h^2(f'''(\varepsilon(x_0)))}{3}$$

Por **diferenças centradas**, conseguimos deduzir o resultado de:

$$f'(x_0) = \frac{1}{2h}\left[f(x_0 + h) - f(x_0 - h)\right] + \frac{h^2(f'''(\varepsilon(x_0)))}{6}$$

Por **diferenças regressivas**, obtemos:

$$f'(x_0) = \frac{1}{2h}\left[f(x_0 - 2h) - 4f(x_0 - h) + 3f(x_0)\right] + \frac{h^2(f'''(\varepsilon(x_0)))}{3}$$

O último termo identifica a ordem de grandeza do erro cometido (h^2) e a relação com a terceira derivada da função no ponto considerado. A fórmula obtida para as diferenças centradas é a mesma obtida anteriormente pela definição analítica de derivada.

Analogamente, utilizando **cinco pontos** na tabela de valores da função, surgem cinco fórmulas distintas para a determinação da derivada por diferenciais. A expressão por meio das **diferenças centradas** (comumente mais empregada) é apresentada assim:

$$f'(x_0) = \frac{1}{12h}\left[f(x_0 - 2h) - 8f(x_0 - h) + 8f(x_0 + h) - f(x_0 + 2h)\right] + \frac{h^4}{30}f^{(5)}(\varepsilon(x_0))$$

O erro apresentado é da ordem de h^4 e está relacionado com a quinta derivada da função no ponto considerado.

Exemplo 3.2
Desta vez, vamos determinar a derivada de $f(x) = e^{-x^2}$, em $x = 1,5$, usando $h = 0,1$, $h = 0,01$ e $h = 0,001$.

Solução:

Método	h = 0,1	h = 0,01	h = 0,001
3 pontos – progressiva	–0,31277462	–0,31616575	–0,31619750
3 pontos – regressiva	–0,31358242	–0,31616650	–0,31619800
3 pontos – centrada	–0,31776840	–0,31621350	–0,31619800
5 pontos – centrada	–0,31623844	–0,316197708	–0,31619791

A solução analítica da função $y = f(x) = e^{-x^2}$ tem para a derivada a expressão $y' = f'(x) = -2x \cdot e^{-x^2}$, que, calculada em $x = 1,5$, resulta $f'(1,5) = -2 \cdot 1,5 \cdot e^{-1,5^2} = -0,316197673$.

Notamos que, à medida que o valor de h diminui, são obtidos resultados mais próximos da solução exata (ou analítica). A quantidade maior de pontos tomados para a avaliação da derivada da função contribui para o resultado ser mais aproximado da solução analítica, ou seja, com menor erro.

3.2 Integração numérica

Os métodos para o cálculo de integrais definidas podem ser analíticos, mecânicos, gráficos e numéricos. As técnicas numéricas surgem como alternativas possíveis e viáveis para a determinação de integrais definidas, em situações não resolvíveis pelo cálculo diferencial e integral e quando a função a ser integrada está na forma de uma tabela.

Do ponto de vista analítico, existem diversas regras que podem ser utilizadas, mas nem todas as integrais podem ser resolvidas. Considerando como exemplo $\int_a^b e^{x^2} dx$, não existe solução pelas técnicas do cálculo diferencial e integral. Não podemos dizer sequer que, para funções simples de integração, a primitiva também seja uma função simples. Por exemplo, $\dfrac{K}{x}$ é uma função algébrica racional e tem por primitivas $K \cdot \ln(nx)$, que são transcendentes quando $n \in \mathbb{R}^+$ e $K \in \mathbb{R}$.

O teorema fundamental do cálculo é definido como:

$$\int_a^b f(x)dx = \left[F(x)\right]_a^b = F(b) - F(a)$$

Em que $f(x)$ corresponde à expressão da derivada cuja função primitiva é $F(x)$.

A condição de empregabilidade desse teorema é que *f(x)* seja contínua no intervalo [a; b]. Quando realizamos um cálculo de integral definida, o valor que obtemos pelo processo representa a área abaixo da curva *f(x)* no intervalo [a; b].

Para resolver as integrais definidas, os procedimentos numéricos empregam a substituição da função do integrando *f(x)* por um polinômio que a aproxime razoavelmente no intervalo de integração [a; b]. Dessa forma, o integrando é de fácil integração, por ser uma função polinomial. As vantagens de integrar um polinômio que aproxima y = f(x) são principalmente duas:

1. *f(x)* pode ser uma função de difícil integração ou de integração impossível, enquanto um polinômio é sempre de integração fácil e imediata.
2. Ás vezes, a função é dada por uma tabela-conjunto de pares ordenados obtidos como resultados de experiências. Aí não se conhece a expressão analítica da função em termos do argumento *x*.

Os processos de integração numérica utilizam as fórmulas de Newton-Cotes, as quais consideram que o polinômio que aproxima *f(x)* razoavelmente seja um polinômio que interpole *f(x)* em pontos do intervalo [a; b] igualmente espaçados. Particionam o intervalo [a; b] em subintervalos de comprimento *h*, com $h = \frac{b-a}{n}$, em que *n* é o número de subintervalos.

As fórmulas de Newton-Cotes podem ser classificadas como *fechadas* (quando os extremos do intervalo fazem parte dos cálculos) e *abertas* (quando os extremos do intervalo não são utilizados nos cálculos). Vamos tratar aqui das fórmulas de Newton-Cotes fechadas, usando para isso as seguintes técnicas: método dos retângulos, método dos trapézios, regra 1/3 de Simpson e regra 3/8 de Simpson. Trataremos a seguir de cada um desses métodos.

3.2.1 Método dos retângulos

Considera o intervalo finito [a; b] no eixo *x* sendo particionado em *n* subintervalos $[x_i; x_{i+1}]$ com $i = 0, \ldots, n = -1$, $x_0 = a$, $x_n = b$ e $h = x_{i+1} - x_i$. A função f(x) é contínua no intervalo [a; b]. Não é necessário que o passo *(h)* seja constante, podendo assumir diferentes valores para cada subintervalo.

Há três maneiras de empregarmos o método dos retângulos:

1. altura tomada pela esquerda;
2. altura tomada pela direita;
3. altura centrada.

Método dos retângulos com altura tomada pela esquerda

Considere a figura a seguir:

Figura 3.1 – Área abaixo da curva aproximada por retângulos com alturas tomadas pela esquerda

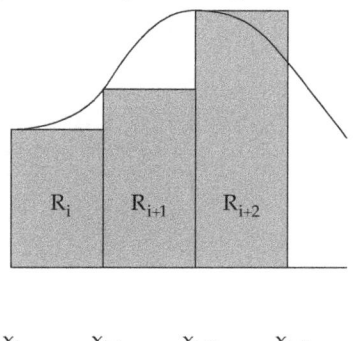

Fonte: Elaborado com base em Silva; Almeida, 2003, p. 4.

A área abaixo da curva $f(x)$ no intervalo [a; b] é calculada por $\int_a^b f(x)dx$, que pode ser aproximada pela soma de áreas de retângulos (base multiplicada por altura), em que a base é o passo h e a altura é o valor da função tomada pela esquerda de cada retângulo.

$$A = \int_a^b f(x)dx \cong \sum_{i=0}^{n-1} f(x_i) \cdot h$$

Se o passo for constante, podemos escrever:

$$\int_a^b f(x)dx = h[f(x_0) + f(x_1) + \ldots + f(x_{n-1})]$$

Método dos retângulos com altura tomada pela direita

Considere a figura a seguir:

Figura 3.2 – Área abaixo da curva aproximada por retângulos com alturas tomadas pela direita

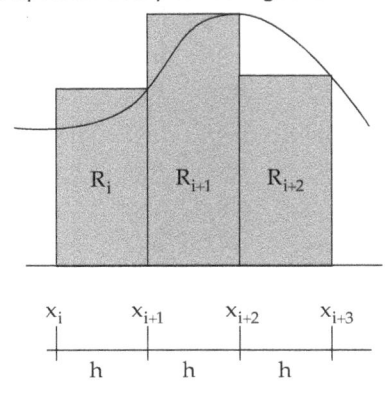

Fonte: Elaborado com base em Silva; Almeida, 2003, p. 4.

Similar ao caso anterior, sendo a altura de cada retângulo tomada no lado direito, que é o valor da função no ponto x_i, com i = 1, 2,..., n, vemos o resultado em:

$$A = \int_a^b f(x)dx \cong \sum_{i=0}^{n-1} f(x_{i+1}) \cdot h$$

Se o passo h for constante, teremos:

$$\int_a^b f(x)dx = h \cdot [f(x_1) + f(x_2) + \ldots + f(x_n)]$$

Exemplo 3.3

Para exemplificar, vamos calcular $\int_0^3 \dfrac{1}{1+x}dx$ com três e seis subintervalos.

Solução:

Considerando três subintervalos: $h = \dfrac{b-a}{n} = \dfrac{3-0}{3} = 1$.

x	0	1	2	3
$f(x) = \dfrac{1}{1+x}$	1	$\dfrac{1}{2} = 0,5$	$\dfrac{1}{3} = 0,333333$	$\dfrac{1}{4} = 0,25$

Com as alturas tomadas pela esquerda, o resultado será:

$$\int_0^3 \frac{1}{1+x}dx = 1 \cdot \left[1 + \frac{1}{2} + \frac{1}{3}\right] = \frac{11}{6} = 1,833333$$

Com as alturas tomadas pela direita, o resultado será:

$$\int_0^3 \frac{1}{1+x}dx = 1 \cdot \left[\frac{1}{2} + \frac{1}{3} + \frac{1}{4}\right] = \frac{13}{12} = 1,083333$$

Considerando seis divisões, temos: $h = \frac{b-a}{n} = \frac{3-0}{6} = \frac{1}{2} = 0,5$.

x	0	0,5	1	1,5	2	2,5	3
f(x)	1	2/3	1/2	2/5	1/3	2/7	1/4

Com alturas tomadas pela esquerda:

$$\int_0^3 \frac{1}{1+x}dx = 0,5 \cdot \left[1 + \frac{2}{3} + \frac{1}{2} + \frac{2}{5} + \frac{1}{3} + \frac{2}{7}\right] = 1,592857$$

Com alturas tomadas pela direita:

$$\int_0^3 \frac{1}{1+x}dx = 0,5 \cdot \left[\frac{2}{3} + \frac{1}{2} + \frac{2}{5} + \frac{1}{3} + \frac{2}{7} + \frac{1}{4}\right] = 1,217857$$

A solução exata é:

$$\int_0^3 \frac{1}{1+x}dx = [\ln(1+x)]_0^3 = \ln(1+3) - \ln(1) = 1,386294361$$

Dessa forma, podemos estabelecer que a função em análise $y = f(x) = \frac{1}{1+x}$ é **decrescente** no intervalo de integração [0; 3] tornando o resultado obtido **maior** que o valor exato se for calculado com alturas tomadas pela **esquerda**, e **menor** que o valor exato se for calculado com alturas tomadas pela **direita**.

Exemplo 3.4

Neste exemplo, vamos calcular $\int_0^2 x\, e^x dx$ com quatro e oito subintervalos.

Solução:

Iniciamos calculando os valores de $f(x) = x \cdot e^x$ para construir a tabela:

x	f(x) = x · e^x
0	0
0,25	0,321006
0,5	0,824361
0,75	1,587750
1	2,718282
1,25	4,362929
1,5	6,722534
1,75	10,070555
2	14,778112

Com quatro subintervalos, temos os processos a seguir.

Alturas tomadas pela esquerda:

$$\int_0^2 xe^x dx = \frac{1}{2} \cdot (0 + 0{,}824361 + 2{,}718282 + 6{,}722534) = 4{,}982588$$

Alturas tomadas pela direita:

$$\int_0^2 xe^x dx = \frac{1}{2} \cdot (0{,}824361 + 2{,}718282 + 6{,}722534 + 14{,}778112) = 12{,}521644$$

Para oito subintervalos, vemos a construção a seguir.

Alturas tomadas pela esquerda:

$$\int_0^2 xe^x dx = \frac{1}{4} \cdot (0 + 0{,}321006 + 0{,}824361 + 1{,}58775 +$$
$$+ 2{,}718282 + 4{,}362929 + 6{,}722534 + 10{,}070555) = 6{,}611854$$

Alturas tomadas pela direita:

$$\int_0^2 xe^x dx = \frac{1}{4} \cdot (0{,}321006 + 0{,}824361 + 1{,}58775 + 2{,}718282 + 4{,}362929 +$$
$$+ 6{,}722534 + 10{,}070555 + 14{,}778112) = 10{,}346382$$

A solução exata é:

$$\int_0^2 x \cdot e^x dx = [e^x \cdot (x-1)]_0^2 = e^2(2-1) - e^0(0-1) = e^2 + e^0 = 7,389056099 + 1 =$$
$$= 8,389056099$$

Podemos afirmar que a função em análise $y = f(x) \cdot x^e$ é **crescente** no intervalo de integração [0; 2], tornando o resultado obtido **menor** que o valor exato se for calculado com alturas tomadas pela **esquerda**, e **maior** se for calculado com alturas tomadas pela **direita**.

As observações nos dois exemplos anteriores nos remetem ao entendimento de que alturas tomadas à esquerda e à direita sempre apresentarão resultados superestimados ou subestimados, dependendo de a função ser crescente ou decrescente. Para evitar essas situações, podemos empregar a terceira forma de resolução.

Método dos retângulos com altura centrada

Considere a figura a seguir:

Figura 3.3 – Área abaixo da curva aproximada por retângulos com alturas centradas

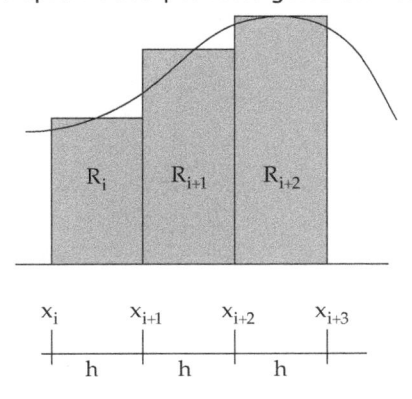

Fonte: Elaborado com base em Silva; Almeida, 2003, p. 4.

A área abaixo da curva $f(x)$ no intervalo [a; b] é calculada por $\int_a^b f(x)dx$, que pode ser aproximada pela soma de áreas de retângulos, em que a base é o passo h e a altura é o valor da função tomada no ponto central do intervalo (ponto médio), ou seja: $xm_i = \dfrac{(x_{i-1}) + (x_i)}{2}$.

62 Cálculo numérico

$$A = \int_a^b f(x)dx \cong \sum_{i=1}^n f(xm_i) \cdot h$$

Se o passo for constante, obtemos:

$$\int_a^b f(x)dx \cong h \cdot \sum_{i=0}^{n-1} f(xm_i) = h \cdot \left[f(xm_1) + f(xm_2) + \ldots + fx(m_n)\right]$$

Vejamos os exemplos anteriores refeitos por este outro método:

Exemplo 3.5

Calcularemos $\int_0^3 \dfrac{1}{1+x}dx$ com três subintervalos: $h = \dfrac{b-a}{n} = \dfrac{3-0}{3} = 1$.

Solução:

xm	0,5	1,5	2,5
$f(xm) = \dfrac{1}{1+x}$	$\dfrac{2}{3}$	$\dfrac{2}{5}$	$\dfrac{2}{7}$

$$\int_0^3 \frac{1}{1+x}dx = 1 \cdot \left[\frac{2}{3} + \frac{2}{5} + \frac{2}{7}\right] = 1{,}352381$$

Considerando o dobro de divisões: $h = \dfrac{b-a}{n} = \dfrac{3-0}{6} = \dfrac{1}{2} = 0{,}5$.

xm	0,25	0,75	1,25	1,75	2,25	2,75
f(mx)	$\dfrac{4}{5}$	$\dfrac{4}{7}$	$\dfrac{4}{9}$	$\dfrac{4}{11}$	$\dfrac{4}{13}$	$\dfrac{4}{15}$

$$\int_0^3 \frac{1}{1+x}dx = 0{,}5 \cdot \left[\frac{4}{5} + \frac{4}{7} + \frac{4}{9} + \frac{4}{11} + \frac{4}{13} + \frac{4}{15}\right] = 1{,}376934$$

A solução exata tem resultado $\int_0^3 \dfrac{1}{1+x}dx = 1{,}386294361$ e os valores obtidos pelo método os retângulos com alturas centradas apresentam erros pequenos se comparados aos processos com tomadas de altura à esquerda e à direita em cada subintervalo.

Exemplo 3.6

Para calcularmos $\int_0^2 x \cdot e^x dx$ com quatro e oito subintervalos, seguimos calculando os valores de $f(x) = x \cdot e^x$ e construindo a tabela.

xm	f(x) = x · e^x
0,125	0,141644
0,375	0,545622
0,625	1,167654
0,875	2,099016
1,125	3,465244
1,375	5,438230
1,625	8,942482
1,875	12,226536

Com quatro subintervalos: $h = \dfrac{2-0}{4} = 0,5$.

$$\int_0^2 x \cdot e^x dx = 0,5 \cdot (0,545622 + 2,099016 + 5,438230 + 12,226536) = 10,154702$$

Com oito subintervalos: $h = \dfrac{2-0}{8} = 0,25$.

$$\int_0^2 x \cdot e^x dx = 0,25 \cdot (0,141644 + 0,545622 + 1,167654 + 2,099016 + 3,465244 +$$
$$+ 5,438230 + 8,942482 + 12,226536) = 8,506607$$

A solução exata é $\int_0^2 x \cdot e^x dx = 8,389056099$. Os valores obtidos apresentam erros menores que nos dois outros procedimentos.

Ressaltamos que esse processo de cálculo de integrais por alturas centradas somente pode ser empregado em casos nos quais a integral seja definida sendo conhecida a expressão de *f(x)*. Ele não é válido, porém, quando os valores da função estiverem apresentados em uma tabela de dados.

3.2.2 Método dos trapézios

É um dos procedimentos mais comumente utilizados para a determinação de integrais definidas pelo processo numérico de cálculo. Ele considera a figura de um trapézio para aproximar o cálculo da área.

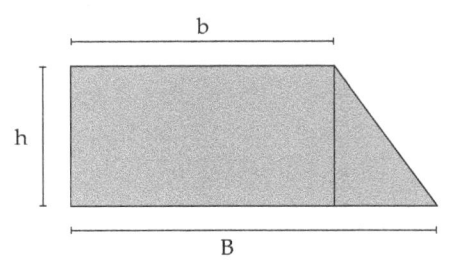

$$\text{Área} = \frac{\text{base maior} + \text{base menor}}{2} \cdot \text{altura} = \frac{B + b}{2} \cdot h$$

É possível observar que ocorrem alguns trapézios como aproximações para as áreas onde as alturas são o passo h e as bases do trapézio são tomadas como os valores da função nos subintervalos.

Gráfico 3.1 – Área abaixo da curva aproximada por trapézios

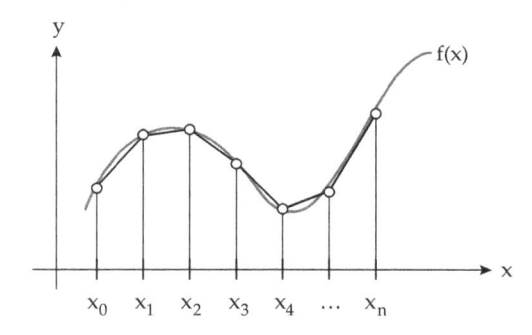

Fonte: Elaborado com base em Kilhian, 2010.

A resolução é dada por:

$$A = \int_a^b f(x)dx \cong \sum_{i=0}^{n-1} \frac{f(x_i) + f(x_{i+1})}{2} \cdot h$$

Se o passo for constante, podemos reescrever:

$$\int_a^b f(x)dx \cong \frac{h}{2} \cdot [f(x_0) + 2 \cdot (f(x_1) + \ldots + f(x_{n-1})) + f(x_n)]$$

Considerando o exemplo 3.3, vamos calcular $\int_0^3 \frac{1}{1+x}dx$ com três subintervalos.

x	0	1	2	3
$f(x) = \frac{1}{1+x}$	1	$\frac{1}{2} = 0,5$	$\frac{1}{3} = 0,333333$	$\frac{1}{4} = 0,25$

$$\int_0^3 \frac{1}{1+x}dx \cong \frac{1}{2} \cdot \left[1 + 2\left(\frac{1}{2} + \frac{1}{3}\right) + \frac{1}{4}\right] = 1,458333$$

E, agora, com seis divisões do intervalo [0; 3]:

x	0	0,5	1	1,5	2	2,5	3
f(x)	1	$\frac{2}{3}$	$\frac{1}{2}$	$\frac{2}{5}$	$\frac{1}{3}$	$\frac{2}{7}$	$\frac{1}{4}$

$$\int_0^3 \frac{1}{1+x}dx \cong \frac{0,5}{2} \cdot \left[1 + 2 \cdot \left(\frac{2}{3} + \frac{1}{2} + \frac{2}{5} + \frac{1}{3} + \frac{2}{7}\right) + \frac{1}{4}\right] = 1,405357$$

A solução exata tem resultado $\int_0^3 \frac{1}{1+x}dx = 1,386294361$ e os valores obtidos pelo método dos trapézios apresentam erros pequenos.

Considerando o exemplo 3.4, vamos calcular $\int_0^2 x \cdot e^x dx$ com quatro e oito subintervalos.

X	$f(x) = x \cdot e^x$
0	0
0,25	0,321006
0,5	0,824361
0,75	1,587750
1	2,718282
1,25	4,362929
1,5	6,722534
1,75	10,070555
2	14,778112

Com quatro subintervalos:

$$\int_0^2 x \cdot e^x dx = \frac{0,5}{2} \cdot (0 + 2 \cdot (0,824361 + 2,718282 + 6,722534) + 14,778112) = 8,827116$$

Com oito subintervalos:

$$\int_0^2 x \cdot e^x dx = \frac{0{,}25}{2} \cdot (0 + 14{,}778112 + 2 \cdot (0{,}321006 + 0{,}824361 + 1{,}587750 + 2{,}718282 +$$
$$+ 4{,}362929 + 6{,}722534 + 10{,}070555)) = 8{,}499118$$

A solução exata é $\int_0^2 x \cdot e^x dx = 8{,}389056099$. Os valores obtidos pelo método dos trapézios apresentam erros relativos pequenos se comparados aos resultados obtidos anteriormente pelo método de retângulos.

3.2.3 Regras de Simpson

Essas regras foram desenvolvidas por Thomas Simpson (1710-1761), um matemático inglês que utilizou polinômios de grau 2 e de grau 3 para buscar resultados com erros menores em virtude da melhor aproximação com os perfis dos gráficos das funções. Os métodos anteriores (retângulos e trapézios) utilizam retas, ou seja, equações de primeiro grau. São dois os procedimentos: a regra 1/3 de Simpson e a regra 3/8 de Simpson.

REGRA 1/3 DE SIMPSON

O traçado do gráfico de *f(x)* é aproximado por um polinômio de grau 2 (parábola). Nesse processo, existem duas condições a serem atendidas:

1. Passo *h* constante.
2. Número de subintervalos par.

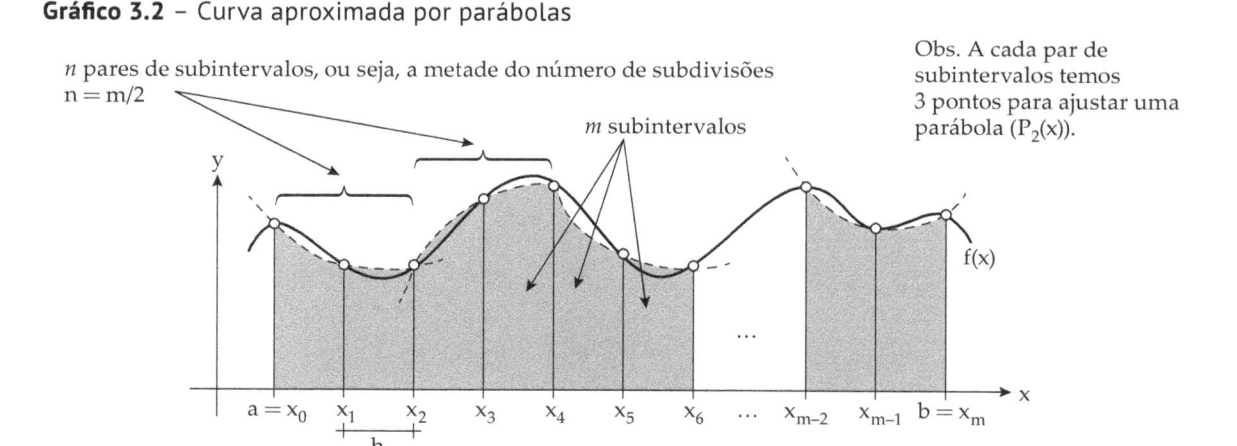

Gráfico 3.2 – Curva aproximada por parábolas

n pares de subintervalos, ou seja, a metade do número de subdivisões
n = m/2

m subintervalos

Obs. A cada par de subintervalos temos 3 pontos para ajustar uma parábola ($P_2(x)$).

Fonte: Elaborado com base em Pilling, 2018, p. 12.

Temos, então, o cálculo para a integral definida:

$$\int_a^b f(x)dx \cong \frac{h}{3} \cdot [f(x_0) + f(x_n) + 4(f(x_1) + f(x_3) + \ldots) + 2(f(x_2) + f(x_4) + \ldots)]$$

Observe que essa fórmula é apresentada com os valores da função nos extremos $f(x_0)$ e $f(x_n)$ logo no início do somatório; os valores da função nos pontos internos com índices ímpares são multiplicados por 4; e os valores da função nos pontos internos com índices pares são multiplicados por 2.

Do Exemplo 3.3, vamos calcular $\int_0^3 \frac{1}{1+x} dx$, com n = 6 subintervalos (par).

x	$x_0 = 0$	$x_1 = 0{,}5$	$x_2 = 1$	$x_3 = 1{,}5$	$x_4 = 2$	$x_5 = 2{,}5$	$x_6 = 3$
f(x)	1	$\frac{2}{3}$	$\frac{1}{2}$	$\frac{2}{5}$	$\frac{1}{3}$	$\frac{2}{7}$	$\frac{1}{4}$

$$\int_0^3 \frac{1}{1+x} dx = \frac{0{,}5}{3} \cdot \left[1 + \frac{1}{4} + 4 \cdot \left(\frac{2}{3} + \frac{2}{5} + \frac{2}{7}\right) + 2 \cdot \left(\frac{1}{2} + \frac{1}{3}\right)\right] = 1{,}387698$$

A solução exata tem resultado $\int_0^3 \frac{1}{1+x} dx = 1{,}386294361$ e os valores obtidos pela regra 1/3 de Simpson apresentam erros na ordem de 10^{-3}.

Para o Exemplo 3.4, vamos calcular com quatro e oito subintervalos (par).

x	$f(x) = x \cdot e^x$
0	0
0,25	0,321006
0,5	0,824361
0,75	1,587750
1	2,718282
1,25	4,362929
1,5	6,722534
1,75	10,070555
2	14,778112

Com quatro subintervalos:

$$\int_0^2 x \cdot e^x dx = \frac{0{,}5}{3} \cdot (0 + 14{,}778112 + 4 \cdot (0{,}824361 + 6{,}722534) + 2 \cdot 2{,}718282)) = 8{,}400376$$

Com oito subintervalos:

$$\int_0^2 x \cdot e^x dx = \frac{0,25}{3} \cdot \begin{pmatrix} 0 + 14,778112 + 4 \cdot (0,321006 + 1,587750 + 4,362929 + \\ +10,070555) + 2 \cdot (0,824361 + 2,718282 + 6,722534) \end{pmatrix} = 8,389785$$

A solução exata é $\int_0^2 x \cdot e^x dx = 8,389056099$. Os valores obtidos pela regra de Simpson apresentam erros pequenos.

REGRA 3/8 DE SIMPSON

É similar à regra anterior. Nela, a função utilizada para realizar a aproximação é um polinômio do terceiro grau, sendo necessário que o passo seja constante e o número de subintervalos seja múltiplo de 3.

A fórmula utilizada é:

$$\int_a^b f(x)dx = \frac{3}{8} \cdot h \cdot \begin{bmatrix} f(x_0) + f(x_n) + 3 \cdot (f(x_1) + f(x_2) + f(x_4) + f(x_5)...) \\ +2 \cdot (f(x_3) + f(x_6) + ...) \end{bmatrix}$$

Considerando o Exemplo 3.3, vamos calcular $\int_0^3 \frac{1}{1+x} dx$ com seis subintervalos (múltiplos de 3): $h = \frac{b-a}{n} = \frac{3-0}{6} = \frac{1}{2} = 0,5$.

x	0	0,5	1	1,5	2	2,5	3
f(x)	1	$\frac{2}{3}$	$\frac{1}{2}$	$\frac{2}{5}$	$\frac{1}{3}$	$\frac{2}{7}$	$\frac{1}{4}$

$$\int_0^3 \frac{1}{1+x} dx = \frac{3 \cdot 0,5}{8} \cdot \left[1 + \frac{1}{4} + 3 \left(\frac{2}{3} + \frac{1}{2} + \frac{1}{3} + \frac{2}{7} \right) + 2 \cdot \left(\frac{2}{5} \right) \right] = 1,388839$$

A solução exata tem resultado $\int_0^3 \frac{1}{1+x} dx = 1,386294361$ e os valores obtidos pela regra 3/8 de Simpson apresentam erros na ordem de 10^{-2}.

3.2.4 Comparação entre os métodos

O processo da integração numérica é essencialmente um processo iterativo, envolvendo regra composta (vários retângulos, ou vários trapézios, ou vários "quase trapézios", com um lado sendo uma parábola ou um polinômio de grau 3 etc.).

Pela natureza do processo iterativo, não conhecemos de antemão o momento de atingir um resultado com a exatidão desejada.

A integral $\int_0^3 \frac{1}{1+x}dx$ pode ser resolvida por procedimentos analíticos do cálculo diferencial e integral, com resultado 1,386294361. Tabelando os diversos valores obtidos pelos diferentes processos numéricos e determinando o erro relativo ocorrido em cada resultado, temos:

Método	Subintervalos	Resultado	Erro relativo (em %)
Retângulos (esquerda)	3	1,833333	32,25
Retângulos (esquerda)	6	1,592857	14,90
Retângulos (direita)	3	1,083333	−21,85
Retângulos (direita)	6	1,217857	−12,15
Retângulos (centro)	3	1,352381	−2,44
Retângulos (centro)	6	1,376934	−0,67
Trapézios	3	1,458333	5,19
Trapézios	6	1,405357	1,37
1/3 de Simpson	6	1,387698	0,10
3/8 de Simpson	6	1,386294	0,18

Observando a tabela com os valores obtidos pelos diferentes procedimentos, com quantidades diferentes de subintervalos, e comparando com o resultado exato, podemos compilar estas informações:

a) Os seis primeiros resultados, que envolvem o método dos retângulos tomando altura à esquerda, à direita e no centro do intervalo, indicam que, em situações nas quais as alturas sejam tomadas no ponto médio, ocorrem erros menores. Os maiores erros relativos que aconteceram foram em situações com alturas tomadas à esquerda (resultados com excesso) e à direita (resultados com falta), que são compreendidos pela natureza da função $f(x) = \frac{1}{1+x}$, que é uma função decrescente. Em caso de estarmos integrando funções crescentes, teríamos resultados similares e contrários. Os melhores resultados para o método dos retângulos verificam-se quando as alturas são tomadas no centro do intervalo. Em situações em que somente tenhamos a tabela com valores numéricos, sem o conhecimento da equação, esse procedimento não pode ser utilizado.

b) Considerando os resultados dos métodos dos retângulos e dos trapézios, verificamos que, quanto maior for o número de subintervalos, menor será o erro cometido na avaliação, o que nos leva a buscar uma melhoria de resultados (mais precisos) com o aumento da quantidade de subintervalos. Por outro lado, um aumento excessivo de subintervalos acarretará um aumento de operações matemáticas a serem realizadas, exigindo um tempo maior para obter a solução.

c) Comparando o método dos trapézios com o método dos retângulos, o primeiro costuma apresentar resultados melhores, ou seja, com menores erros.

d) Na avaliação envolvendo todos os procedimentos, em que todos têm uma situação de cálculo com seis subintervalos, as regras de Simpson levaram a resultados mais precisos, ou seja, com um erro relativo menor.

e) As regras de Simpson apresentam bons resultados, mas não podem ser aplicadas a todas as situações. Nas duas regras, existe a obrigatoriedade de atender a critérios em relação ao passo h e à quantidade de subintervalos. Essas limitações fazem com que tais regras não sejam de emprego muito frequente.

f) Essas formas de obtenção de integral definida envolvem cálculos simples e podem ser implementadas de forma computacional. Se o número de subintervalos for excessivamente elevado, com o intuito de buscar uma melhor precisão, podem ocorrer erros de truncamento que se propagam pelas operações matemáticas, o que acarretará perda na precisão almejada.

g) Em virtude da facilidade de execução dos cálculos envolvidos; de apresentar erros relativos pequenos; de admitir passo constante ou variável; e de não restringir o número de subintervalos, o método dos trapézios é empregado com frequência para a obtenção de estimativas de integrais definidas.

Síntese

As técnicas da derivação e integração numérica têm origem no conceito de interpolação.

A derivação numérica é utilizada para calcular a derivada em situações em que não está disponível a equação que define a função, mas somente um conjunto de pontos pertencentes à função apresentados em uma tabela, ou para funções que não são deriváveis em todo o seu domínio ou de derivação trivial. Diferentes procedimentos são possíveis para a determinação do valor da derivada em um ponto, porém a qualidade da resposta depende da quantidade de pontos utilizada e do passo escolhido para realizar a avaliação.

Integrar é somar. A soma de várias pequenas áreas permite aproximar o valor de uma área maior que está definida em um intervalo [a; b] e abaixo de uma curva $f(x)$. Os métodos de integração estão relacionados com as diferentes figuras utilizadas para representar cada uma das áreas parciais. A qualidade da resposta depende do passo e da quantidade de pontos escolhidos.

Atividades de autoavaliação

1) Que fatores influenciam na qualidade da resposta em um processo de derivação?
   a. Somente o passo escolhido.
   b. Somente a quantidade de pontos utilizada.
   c. O passo escolhido e a quantidade de pontos utilizada.
   d. Nenhuma das alternativas anteriores está correta.

2) Considere que você tenha uma tabela de valores numéricos relacionando as variáveis x e y que não conheça a equação que gerou esses dados. Para realizar a integração em uma faixa de valores dessa tabela, que processo **não** poderia ser utilizado?
   a. Trapézios.
   b. Retângulos com altura centrada.
   c. Retângulos com altura à esquerda.
   d. Retângulos com altura à direita.

3) Em relação à escolha do passo a ser utilizado nos processos de derivação e de integração numérica, é possível afirmar:
   a. Um passo extremamente pequeno pode levar ao cancelamento catastrófico.
   b. O passo não interfere na qualidade da resposta.
   c. Um passo menor apresenta erros maiores na resposta.
   d. Um passo maior apresenta erros menores na resposta.

4) É possível afirmar sobre a regra 1/3 de Simpson utilizada para integração numérica:
   a. É sempre possível utilizá-la.
   b. Exige passo constante e número de partições ímpar.
   c. O passo pode ser variável.
   d. Exige passo constante e número de partições par.

5) É possível afirmar sobre a regra 3/8 de Simpson utilizada para integração numérica:
   a. É sempre possível utilizá-la.
   b. Exige passo constante e número de partições múltiplo de 3.
   c. O passo pode ser variável.
   d. Exige passo constante e número de partições par.

Atividades de aprendizagem

Questões para reflexão

1) Em processos de derivação numérica por diferenças finitas, por que os procedimentos por diferenças centradas costumam levar a resultados melhores?

2) Em processos de integração numérica, que método dos trapézios é mais vantajoso em relação aos demais?

Atividades aplicadas: prática

1) Determine a derivada por diferenças progressivas, regressivas e centradas para a função $y = \operatorname{sen}(2x)$ no ponto $x_0 = \dfrac{\pi}{6}$, com $h = 0{,}1$. Quais são os erros relativos ocorridos nos três processos?

2) Repita os cálculos da questão anterior considerando h = 0,01.

3) Determine a derivada por diferenças progressivas, regressivas e centradas para a função y = ln(x) no ponto x_0 = 2, com h = 0,1. Quais os erros relativos ocorridos nos três processos?

4) Repita os cálculos da questão anterior considerando h = 0,01.

5) Determine o valor da integral $\int_0^2 e^{x^2} dx$ pelo método de retângulos com altura centrada, pelo método dos trapézios e pela regra 1/3 de Simpson. Em todos os procedimentos, considere o intervalo [0; 2] dividido em quatro partes iguais.

4

Sistemas de equações

Neste capítulo, vamos tratar dos sistemas de equações, que podem ser classificados em *lineares* e *não lineares* (ou *transcendentes*). Os sistemas de equações lineares algébricas (**Sela**) ocorrem em problemas de grande interesse prático, como em cálculos de estruturas e de redes elétricas e na solução de equações diferenciais. Em casos de análise de vibrações de sistemas mecânicos, em sistemas de empacotamento e outros, surgem os sistemas de equações algébricas não lineares ou transcendentes (**Seat**). O conceito de linearidade leva a um grupo de técnicas possíveis para a solução do sistema de equações; já a não linearidade conduz a outros procedimentos de resolução. A seguir, vamos entender cada sistema e analisar suas particularidades.

4.1 Sistemas de equações lineares algébricas (Sela)

Antes de iniciarmos, vejamos alguns conceitos a serem utilizados nos sistemas:

- **Equação** é uma igualdade envolvendo termos com constantes, incógnitas e operações aritméticas de uma constante por uma incógnita.
- **Sistema** é um conjunto de equações a serem resolvidas que apresentam a mesma solução.
- **Linear** é quando todas as incógnitas estiverem elevadas somente à primeira potência.

Um sistema de equações lineares com m equações e n incógnitas é geralmente escrito na seguinte forma:

$$\begin{cases} a_{11} \cdot x_1 + a_{12} \cdot x_2 + \ldots + a_{1n} \cdot x_n = b_1 \\ a_{21} \cdot x_1 + a_{22} \cdot x_2 + \ldots + a_{2n} \cdot x_n = b_2 \\ \vdots \qquad \vdots \qquad \qquad \vdots \qquad \vdots \\ a_{m1} \cdot x_1 + a_{m2} \cdot x_2 + \ldots + a_{mn} \cdot x_n = b_m \end{cases}$$

Em que a_{ij}, b_{ij}, $i = 1, 2, \ldots, m$, $j = 1, 2, \ldots, n$ pertencem ao conjunto dos naturais. Uma n-upla $x_1, x_2, \ldots, x_n$ que satisfaz a cada uma das equações é uma solução do sistema.

Se $b_1 = b_2 = \ldots = b_m = 0$, o sistema é dito *homogêneo*.

Usando notação matricial, temos: **AX = B**, em que:

$$A = \begin{bmatrix} a_{11} & a_{12} & \cdots & a_{1n} \\ a_{21} & a_{22} & \cdots & a_{2n} \\ \vdots & \vdots & \cdots & \vdots \\ a_{m1} & a_{m1} & \cdots & a_{mn} \end{bmatrix}; \quad X = \begin{bmatrix} x_1 \\ x_2 \\ \vdots \\ x_n \end{bmatrix}; \quad B = \begin{bmatrix} b_1 \\ b_2 \\ \vdots \\ b_m \end{bmatrix}$$

A matriz [A] é denominada *matriz dos coeficientes*, [X] é o vetor das incógnitas e [B] é o vetor das constantes ou termos independentes.

No caso de não haver solução para o sistema, ele é dito *impossível*.

O sistema pode ter uma única solução ou pode ter infinitas soluções. Nessas condições, o sistema é possível ou consistente.

O sistema tem solução se, e somente se, o posto da matriz [A] for igual ao posto da matriz aumentada [A|B].

Se os postos das matrizes [A] e [A|B] forem iguais a n, então a solução é única.

Se os postos das matrizes [A] e [A|B] forem menores que n, **então haverá infinitas soluções para o sistema.**

Para um sistema de equações lineares, com matriz dos coeficientes quadrada, apresentar solução única, é necessário:

a) existir a matriz inversa A^{-1};

b) o determinante da matriz [A] ser não nulo, ou seja, $\det(A) \neq 0$;

c) o posto de [A] ser igual ao número de incógnitas (r = n).

Observação: No caso de $\det(A) = 0$, o sistema é denominado *singular* e **tem infinitas soluções** ou é inconsistente. Se $\det(A) \neq 0$, o sistema é regular (não singular) e tem solução única.

Os métodos para a resolução de sistemas lineares de equações podem ser: métodos indiretos, métodos diretos e de otimização. A escolha do método para a solução do sistema de equações depende do próprio sistema (das equações deste), da propagação dos erros de arredondamento, ou seja, da estabilidade numérica do método, e do armazenamento dos dados na matriz [A] em um computador, em caso da utilização desse recurso.

4.1.1 Métodos de solução de sistemas de equações lineares

São dois os métodos de solução de sistemas de equações lineares, os quais são apresentados na sequência.

MÉTODOS INDIRETOS

Os métodos indiretos atuam sobre o sistema de equações de forma a transformá-lo em $X = \psi(X)$. A partir de uma atribuição inicial e após algumas repetições de um ciclo de cálculos (iteração), mediante um critério de parada, obtemos a solução do sistema de equações.

Os métodos indiretos para a resolução de sistemas de equações lineares podem ser utilizados para determinar o valor das incógnitas em algumas situações. Eles não se aplicam a todos os sistemas. Dizemos que haverá *convergência de resultados* quando a diagonal principal da matriz [A] (matriz quadrada) for dominante, ou seja, quando cada elemento da diagonal principal for maior ou igual à soma dos demais elementos da linha em que se encontra. Isso é estabelecido através do **critério das linhas**, dado por:

$$|a_{ii}| \geq \sum_{\substack{j=1 \\ j \neq i}}^{n} |a_{ij}|$$

Em determinados sistemas, se o critério das linhas não for atendido, podemos trocar uma linha por outra; atendido tal critério, aplicamos os métodos indiretos de resolução de sistemas de equações lineares.

MÉTODO DE GAUSS-JACOBI

Supondo que $a_{ij} \neq 0$, $i = 1, 2, \ldots, n$, o método consiste em isolar cada uma das incógnitas do sistema de equações, **sendo [A] uma matriz quadrada**, ou seja $m = n$, na seguinte forma:

$$x_i = \frac{b_i - \sum_{\substack{i=1 \\ j \neq i}}^{n} a_{ij} \cdot x_j^{(K)}}{a_{ii}}, \text{ com } i = 1, 2, \ldots, n$$

A partir de uma atribuição inicial ($K = 0$) para o vetor das incógnitas, temos:

$$X^{(0)} = \begin{bmatrix} x_1^{(0)} \\ x_2^{(0)} \\ \vdots \\ x_n^{(0)} \end{bmatrix}$$

Geramos, então, a sequência de aproximações para o vetor das incógnitas, calculadas por:

$$x_i^{(K+1)} = \frac{b_i - \sum_{\substack{i=1 \\ j \neq i}}^{n} a_{ij} \cdot x_j^{(K)}}{a_{ii}}$$

Os testes de parada mais usados são:

$$\|X^{(k+1)} - X^{(k)}\| \leq \epsilon \quad e \quad \frac{\|X^{(k+1)} - X^{(k)}\|}{\|X^{(k+1)}\|} \leq \epsilon$$

Em que ϵ é a tolerância estabelecida *a priori*. Nesse método, cada nova estimativa utiliza os valores obtidos na estimativa anterior do vetor das incógnitas.

Exemplo 4.1

Vamos determinar a solução do sistema de equações utilizando seis casas decimais nos cálculos, com precisão 10^{-2} (até a segunda casa decimal).

Solução:

$$\begin{cases} 10x_1 + 2x_2 + 3x_3 = 31 \\ 2x_1 + 5x_2 - 1x_3 = 17 \\ 1x_1 + 2x_2 + 5x_3 = 2 \end{cases}$$

Nesse caso, o critério das linhas é atendido e, assim, o sistema pode ser resolvido.

- Para a linha 1: $|10| > |2| + |3|$.
- Para a linha 2: $|5| > |2| + |-a|$.
- Para a linha 3: $|5| > |1| + |2|$.

Isolando as incógnitas pela diagonal principal:

Da primeira equação, resulta: $x_1 = \frac{1}{10} \cdot (31 - 2x_2 - 3x_3)$.

Da segunda equação do sistema, temos: $x_2 = \frac{1}{5} \cdot (17 - 2x_1 - x_3)$.

Da terceira equação, é obtida: $x_3 = \frac{1}{5} \cdot (2 - x_1 - 2x_2)$.

Usando uma atribuição inicial (K = 0) para $X^{(0)} = \begin{bmatrix} 0 \\ 0 \\ 0 \end{bmatrix}$:

$$x_1^{(1)} = \frac{1}{10} \cdot (31 - 2x_2^{(0)} - 3x_3^{(0)}) = \frac{1}{10}(31 - 2 \cdot 0 - 3 \cdot 0) = \frac{31}{10} = 3,1$$

$$x_2^{(1)} = \frac{1}{5} \cdot (17 - 2x_1^{(0)} + x_3^{(0)}) = \frac{1}{5}(17 - 2 \cdot 0 + 0) = \frac{17}{5} = 3,4$$

$$x_3^{(1)} = \frac{1}{5} \cdot (2 - x_1^{(0)} - 2x_2^{(0)}) = \frac{1}{5}(2 - 0 - 2 \cdot 0) = \frac{2}{5} = 0,4$$

O resultado $X^{(1)} = \begin{bmatrix} 3,1 \\ 3,4 \\ 0,4 \end{bmatrix}$ é utilizado para uma nova estimativa:

$$x_1^{(2)} = \frac{1}{10} \cdot (31 - 2x_2^{(1)} - 3x_3^{(1)}) = \frac{1}{10}(31 - 2 \cdot 3,4 - 3 \cdot 0,4) = 2,3$$

$$x_2^{(2)} = \frac{1}{5} \cdot (17 - 2x_1^{(1)} + x_3^{(1)}) = \frac{1}{5}(17 - 2 \cdot 3,1 + 0,4) = 2,24$$

$$x_3^{(2)} = \frac{1}{5} \cdot (2 - x_1^{(1)} - 2x_2^{(1)}) = \frac{1}{5}(2 - 3,1 - 2 \cdot 3,4) = -1,58$$

Os valores obtidos para as incógnitas foram:

$X^{(2)} = \begin{bmatrix} 2,3 \\ 2,24 \\ -1,58 \end{bmatrix}$ e sucessivamente: $X^{(3)} = \begin{bmatrix} 3,126 \\ 2,164 \\ -0,956 \end{bmatrix}$; $X^{(4)} = \begin{bmatrix} 2,954 \\ 1,9584 \\ -1,0908 \end{bmatrix}$; $X^{(5)} = \begin{bmatrix} 3,03556 \\ 2,00024 \\ -0,97416 \end{bmatrix}$;

$X^{(6)} = \begin{bmatrix} 2,9922 \\ 1,990944 \\ -1,007208 \end{bmatrix}$; $X^{(7)} = \begin{bmatrix} 3,003974 \\ 2,001678 \\ -0,994818 \end{bmatrix}$; $X^{(8)} = \begin{bmatrix} 2,998110 \\ 1,999447 \\ -1,001466 \end{bmatrix}$.

Os valores obtidos para o vetor das incógnitas atende ao critério de parada do processo iterativo, **com oito iterações realizadas**. Considerando as duas últimas avaliações, observamos que:

Para x_1: $|2,998110 - 3,003974| = |-0,005864| < 10^{-2}$.
Para x_2: $|1,999447 - 2,001678| = |-0,002231| < 10^{-2}$.
Para x_3: $|-(1,001466 - (-0,994818))| = |-0,006648| < 10^{-2}$.

Nessas condições, é possível visualizarmos os valores $x_1 \to 3$, $x_2 \to 2$ e $x_3 \to -1$ como a solução do sistema de equações.

MÉTODO DE GAUSS-SEIDEL

É similar ao método anterior, mas com um processo melhor, de mais rápida convergência, porque utiliza as **últimas estimativas para cada componente do vetor das incógnitas**.

A partir da atribuição inicial (K = 0) para o vetor das incógnitas $X^{(0)} = \begin{bmatrix} x_1^{(0)} \\ x_2^{(0)} \\ \vdots \\ x_n^{(0)} \end{bmatrix}$, é gerada a sequência de aproximações para o vetor das incógnitas, calculadas por:

$$x_i^{(K+1)} = \frac{b_i - \sum_{j=1}^{i-1} a_{ij} \cdot x_j^{(K+1)} - \sum_{j=i+1}^{N} a_{ij} \cdot x_j^{(K)}}{a_{ii}}$$

Isso deve ocorrer até um dos testes de parada ser atendido.

Exemplo 4.2

Agora, vamos determinar a solução do sistema de equações utilizando seis casas decimais em seus cálculos, com precisão até a segunda casa decimal, ou seja, 10^{-2}.

$$\begin{cases} 10x_1 + 2x_2 + 3x_3 = 31 \\ 2x_1 + 5x_2 - 1x_3 = 17 \\ 1x_1 + 2x_2 + 5x_3 = 2 \end{cases}$$

A resolução pode ser feita isolando-se as incógnitas.

Da primeira equação, temos: $x_1 = \frac{1}{10} \cdot (31 - 2x_2 - 3x_3)$.

Da segunda equação, resulta: $x_2 = \frac{1}{5} \cdot (17 - 2x_1 - x_3)$.

Da terceira equação, obtemos: $x_3 = \frac{1}{5} \cdot (2 - x_1 - 2x_2)$.

Usando uma atribuição inicial (K = 0) para $x = \begin{bmatrix} 0 \\ 0 \\ 0 \end{bmatrix}$, temos o resultado de:

$$x_1^{(1)} = \frac{1}{10} \cdot (31 - 2x_2^{(0)} - 3x_3^{(0)}) = \frac{1}{10}(31 - 2 \cdot 0 - 3 \cdot 0) = \frac{31}{10} = 3{,}1$$

$$x_1^{(1)} = \frac{1}{10} \cdot (31 - 2x_2^{(0)} - 3x_3^{(0)}) = \frac{1}{10}(31 - 2 \cdot 0 - 3 \cdot 0) = \frac{31}{10} = 3{,}1$$

$$x_2^{(1)} = \frac{1}{5} \cdot (17 - 2x_1^{(1)} + x_3^{(0)}) = \frac{1}{5}(17 - 2 \cdot 3{,}1 + 0) = \frac{10{,}8}{5} = 2{,}16$$

$$x_3^{(1)} = \frac{1}{5} \cdot (2 - x_1^{(1)} - 2x_2^{(1)}) = \frac{1}{5}(2 - 3{,}1 - 2 \cdot 2{,}16) = -1{,}084$$

O resultado $X^{(1)} = \begin{bmatrix} 3{,}1 \\ 2{,}16 \\ -1{,}084 \end{bmatrix}$ é utilizado para uma nova estimativa:

$$x_1^{(2)} = \frac{1}{10} \cdot (31 - 2x_2^{(1)} - 3x_3^{(1)}) = \frac{1}{10}(31 - 2 \cdot 2{,}16 - 3 \cdot (-1{,}084)) = 2{,}9932$$

$$x_2^{(2)} = \frac{1}{5} \cdot (17 - 2x_1^{(2)} + x_3^{(1)}) = \frac{1}{5}(17 - 2 \cdot 2{,}9932 + (-1{,}084)) = 1{,}98592$$

$$x_3^{(2)} = \frac{1}{5} \cdot (2 - x_1^{(2)} - 2x_2^{(2)}) = \frac{1}{5}(2 - 2{,}9932 - 2 \cdot 1{,}98592) = -0{,}993008$$

Os valores obtidos para as incógnitas foram:

$$X^{(2)} = \begin{bmatrix} 2{,}9932 \\ 1{,}98592 \\ -0{,}993008 \end{bmatrix} \text{ e sucessivamente: } X^{(3)} = \begin{bmatrix} 3{,}000718 \\ 2{,}001111 \\ -1{,}000588 \end{bmatrix} \text{ e } X^{(4)} = \begin{bmatrix} 2{,}999954 \\ 1{,}998842 \\ -0{,}999527 \end{bmatrix}.$$

O critério de parada foi atendido. Os valores obtidos para o vetor das incógnitas atendem ao critério de parada do processo iterativo, **com quatro iterações** realizadas. Considerando as duas últimas avaliações, observamos que:

Para x_1: $|2{,}999954 - 3{,}000718| = |-0{,}000764| < 10^{-2}$.
Para x_2: $|1{,}998842 - 2{,}001111| = |-0{,}002269| < 10^{-2}$.
Para x_3: $|-0{,}999527 - (-1{,}000588)| = |0{,}001061| < 10^{-2}$.

Nessas condições, é possível visualizarmos os valores $x_1 \to 3$, $x_2 \to 2$ e $x_3 \to -1$ como a solução do sistema de equações.

Comparando o método de Gauss-Jacobi com o método de Gauss-Seidel, podemos afirmar que o segundo método utilizou menos iterações para a resolução do mesmo sistema de equações. O número de iterações depende do sistema e da tolerância de erro admitida *a priori*.

MÉTODOS DIRETOS

São métodos que atuam sobre as matrizes e, na ausência de erros de arredondamento, determinam a solução do sistema de equações com número finito de passos previamente conhecidos, permitindo avaliar o custo computacional (tempo de processamento) pelo número de operações do método. Podemos citar principalmente a **regra de Cramer** como um dos métodos diretos, que consiste em calcular o valor de uma incógnita pela divisão de determinantes, ou seja, $x_i = \dfrac{(Det_i)}{Det}$, em que Det_i é o **determinante da matriz dos coeficientes quando se substitui a coluna** i **pelo vetor das constantes do sistema** e Det é o determinante da matriz quadrada [A]. O número de operações que esse método utiliza é da ordem de $n!$ (n fatorial). É inviável seu uso a menos que o sistema tenha poucas equações e incógnitas.

MÉTODO DE ELIMINAÇÃO DE GAUSS

A ideia fundamental é transformar o sistema de equações **AX = B** em um sistema equivalente por meio de operações elementares em matrizes, de forma que a matriz dos coeficientes seja **triangular superior** após n – 1 passos, sendo n o número de incógnitas.

Equações **AX = B**:

$$A = \begin{bmatrix} a_{11} & a_{12} & \cdots & a_{1n} \\ a_{21} & a_{22} & \cdots & a_{2n} \\ \vdots & \vdots & \vdots & \vdots \\ a_{m1} & a_{m2} & \cdots & a_{mn} \end{bmatrix}, \quad X = \begin{bmatrix} x_1 \\ x_2 \\ \vdots \\ x_n \end{bmatrix}, \quad B = \begin{bmatrix} b_1 \\ b_2 \\ \vdots \\ b_m \end{bmatrix}$$

Após a transformação, temos:

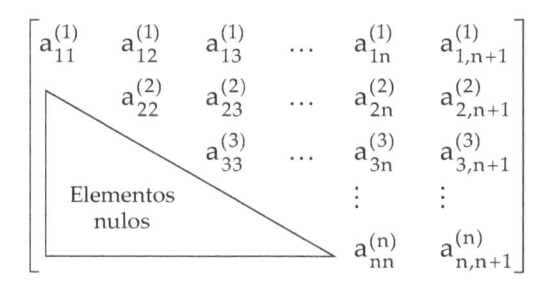

$$\begin{bmatrix} a_{11}^{(1)} & a_{12}^{(1)} & a_{13}^{(1)} & \cdots & a_{1n}^{(1)} & a_{1,n+1}^{(1)} \\ & a_{22}^{(2)} & a_{23}^{(2)} & \cdots & a_{2n}^{(2)} & a_{2,n+1}^{(2)} \\ & & a_{33}^{(3)} & \cdots & a_{3n}^{(3)} & a_{3,n+1}^{(3)} \\ & \text{Elementos} & & & \vdots & \vdots \\ & \text{nulos} & & & & \\ & & & & a_{nn}^{(n)} & a_{n,n+1}^{(n)} \end{bmatrix}$$

O processo é aplicado sobre a matriz aumentada (ou estendida) [A|B], e as operações elementares sobre matrizes são:

a) Trocar uma linha por outra.
b) Multiplicar uma linha por uma constante K ≠ 0.
c) Multiplicar uma linha por uma constante K ≠ 0 e somar a outra linha.

Quando o sistema equivalente for obtido, determinam-se os valores das incógnitas por substituição para trás, ou seja, da última equação para a primeira. O número de operações é da ordem $\dfrac{4n^3 + 9n^2 - 7n}{6}$, valor não elevado, o que justifica a viabilidade do método.

O procedimento consiste em promover a eliminação por colunas, em que a incógnita x_i, com $i = 1, 2,..., n - 1$, é eliminada das linhas $k = i + 1, i + 2,..., n$.

Para cada incógnita a ser eliminada, ocorre uma etapa, que considera como pivô (obrigatoriamente não nulo) o elemento na diagonal principal da matriz [A]. Para cada linha abaixo daquela que contém o pivô, determinam-se os multiplicadores da linha, calculados por:

$$m_{ki} = \frac{a_{ki}}{a_{ii}}$$

A operação elementar sobre cada linha da matriz é descrita como:

$$L_k - m_{ki} \cdot L_i \to L_k$$

Exemplo 4.3

$$\begin{cases} 3x_1 + x_2 + 2x_3 = 9 \\ x_1 + 2x_2 - x_3 = -2 \\ 2x_1 + x_2 + 4x_3 = 14 \end{cases}$$

Nesse exemplo, vamos trabalhar com um sistema com três equações e três incógnitas ($n = 3$). O número de incógnitas a serem eliminadas é $n - 1 = 3 - 1 = 2$, igual ao número de etapas.

Solução:

Matriz aumentada: $\begin{bmatrix} 3 & 1 & 2 & | & 9 \\ 1 & 2 & -1 & | & -2 \\ 2 & 1 & 4 & | & 14 \end{bmatrix}$

Etapa 1: $i = 1$

Pivô: $a_{ii} = a_{11} = 3$

Multiplicadores para as linhas abaixo da linha do pivô:

$$m_{21} = \frac{a_{21}}{a_{11}} = \frac{1}{3} \quad \text{e} \quad m_{31} = \frac{a_{31}}{a_{11}} = \frac{2}{3}$$

Operações sobre as linhas 2 e 3:

$$L_2 - m_{21} \cdot L_1 \to L_2 \quad \text{e} \quad L_3 - m_{31} \cdot L_1 \to L_3$$

O resultado é:

$$\begin{bmatrix} 3 & 1 & 2 & | & 9 \\ 0 & 5/3 & -5/3 & | & -5 \\ 0 & 1/3 & 8/3 & | & 8 \end{bmatrix}$$

Etapa 2: i = 2

Pivô: $a_{ii} = a_{22} = \dfrac{5}{3}$

Multiplicador para a linha abaixo da linha do pivô:

$$m_{32} = \frac{a_{32}}{a_{22}} = \frac{1/3}{5/3} = \frac{1}{5}$$

Operações sobre a linha 3:

$$L_3 - m_{32} \cdot L_2 \to L_3$$

O resultado é:

$$\begin{bmatrix} 3 & 1 & 2 & | & 9 \\ 0 & 5/3 & -5/3 & | & -5 \\ 0 & 0 & 3 & | & 9 \end{bmatrix}$$

A matriz dos coeficientes é triangular superior e obtemos o sistema equivalente:

$$\begin{cases} 3x_1 + x_2 + 2x_3 = 9 \\ \dfrac{5}{3}x_2 - \dfrac{5}{3}x_3 = -5 \\ 3x_3 = 9 \end{cases}$$

Resolvendo da última equação para a primeira:

$3x_3 = 9 \quad \text{ou} \quad x_3 = 3$

$\dfrac{5}{3}x_2 - \dfrac{5}{3}x_3 = -5 \quad \text{ou} \quad \dfrac{5}{3}x_2 - \dfrac{5}{3} \cdot 3 = -5 \quad \text{ou} \quad x_2 = \dfrac{3}{5}(-5 + 5) = 0$

$3x_1 + x_2 + 2x_3 = 9 \quad \text{ou} \quad x_1 = \dfrac{1}{3} \cdot (9 - x_2 + 2x_3) = \dfrac{1}{3} \cdot (9 - 0 + 2 \cdot 3) = \dfrac{3}{3} = 1$

A solução é: $X = \begin{bmatrix} 1 \\ 0 \\ 3 \end{bmatrix}$.

Em relação ao método de eliminação de Gauss, é importante salientarmos que, em situações nas quais o elemento pivô for muito pequeno e os elementos multiplicadores forem muito grandes, podem ocorrer erros de arredondamento na determinação da solução do Sela. Esse problema pode ser resolvido com o emprego de pivotamento parcial ou de pivotamento total no algoritmo de solução.

O **pivotamento parcial** consiste em uma troca sistemática de linhas, de modo a minimizar os erros de arredondamento. O primeiro pivô (ou pivô na etapa 1) será o elemento de maior valor absoluto da coluna 1 da matriz dos coeficientes. O segundo pivô (ou pivô na etapa 2) será o elemento de maior valor absoluto na coluna 2 da matriz dos coeficientes restantes (a partir da segunda linha para baixo), e assim sucessivamente.

O **pivotamento total** consiste em escolher, para o primeiro pivô, o maior valor entre todos os elementos da matriz dos coeficientes. Isso implica possível troca de linhas e de colunas da matriz. Os elementos multiplicadores terão valores pequenos (menores que a unidade). A repetição sistemática desse procedimento para todas as etapas no processo de eliminação de Gauss ocasiona erros menores na solução do Sela, porém há um aumento na complexidade do algoritmo a ser implementado em um computador.

Em relação aos sistemas de equações lineares algébricas, é necessário analisarmos a **sensibilidade** em relação aos dados de entrada. Um Sela é dito *mal condicionado* quando pequenas alterações nos dados de entrada ocasionam grandes erros no resultado final.

Exemplo 4.4

Considere o sistema a seguir, com solução $x = 1$ e $y = -1$.

$$\begin{cases} 0{,}995x + 0{,}874y = 0{,}121 \\ 0{,}322x + 0{,}300y = 0{,}022 \end{cases}$$

Suponha que o sistema tenha sido obtido por dados experimentais e que os termos independentes (vetor das constantes) sejam resultados de medidas e possam sofrer pequenas variações, de forma que ocorra um novo sistema:

$$\begin{cases} 0{,}995x + 0{,}874y = 0{,}122 \leftarrow \text{valor alterado} \\ 0{,}322x + 0{,}300y = 0{,}022 \end{cases}$$

A solução é: $x = 1{,}017914$ e $y = -1{,}019250$.

Considerando o valor alterado, com erro de $E_r = \left|\dfrac{0{,}121 - 0{,}122}{0{,}121}\right| \cong 0{,}008 = 0{,}8\%$ nos dados de entrada, haverá o erro de $E_r = \left|\dfrac{-1 - (-1{,}01925)}{1}\right| \cong 0{,}019 = 1{,}9\%$ nos dados de saída, ou seja, cerca de 2,5 vezes maior.

Uma das maneiras de detectarmos se um sistema de equações é mal condicionado é pelo cálculo do **determinante normalizado da matriz dos coeficientes** do sistema, que é calculado por:

$$\det(\text{Norm } A) = \frac{\det(A)}{\alpha_1 \cdot \alpha_2 \ldots \alpha_n}$$

Em que: $\alpha_i = \sqrt{(a_{i1})^2 + (a_{i2})^2 + \ldots + (a_{in})^2}$, com $i = 1, 2, \ldots, n$.

Se o determinante normalizado da matriz dos coeficientes for sensivelmente menor que a unidade, então o sistema é mal condicionado. No caso do sistema analisado, o valor do determinante normalizado é $0{,}02929 \ll 1$, que preveria o mal condicionamento do sistema de equações lineares.

MÉTODO DE GAUSS-JORDAN

É uma variante do método de eliminação de Gauss. Nesse processo, a matriz dos coeficientes é transformada em uma matriz diagonal identidade e a determinação das raízes é feita pela observação do vetor das constantes na matriz aumentada. O método tem como desvantagem um número de operações $\left(\dfrac{n^3}{2}\right)$ cerca de 50% maior que o anterior. A vantagem é que a realização do processo ocupa menos memória em um computador.

Exemplo 4.5

Nesse exemplo, vamos trabalhar com a resolução de uma Sela pelo método de Gauss-Jordan.

Primeira fase: zerando abaixo da diagonal principal.

$$\begin{cases} 3x_1 + x_2 + 2x_3 = 9 \\ x_1 + 2x_2 - x_3 = -2 \\ 2x_1 + x_2 + 4x_3 = 14 \end{cases}$$

Sistema com três equações e três incógnitas ($n = 3$). O número de incógnitas a serem eliminadas é $n - 1 = 3 - 1 = 2$, igual ao número de etapas.

$$\text{Matriz aumentada: } \begin{bmatrix} 3 & 1 & 2 & | & 9 \\ 1 & 2 & -1 & | & -2 \\ 2 & 1 & 4 & | & 14 \end{bmatrix}$$

Etapa 1: $i = 1$

Pivô: $a_{ii} = a_{11} = 3$

Multiplicadores para as linhas abaixo da linha do pivô:

$$m_{21} = \frac{a_{21}}{a_{11}} = \frac{1}{3} \quad e \quad m_{31} = \frac{a_{31}}{a_{11}} = \frac{2}{3}$$

Operações sobre as linhas 2 e 3:

$$L_2 - m_{2i} \cdot L_1 \to L_2 \quad e \quad L_3 - m_{31} \cdot L_1 \to L_3$$

O resultado é:

$$\begin{bmatrix} 3 & 1 & 2 & | & 9 \\ 0 & 5/3 & -5/3 & | & -5 \\ 0 & 1/3 & 8/3 & | & 8 \end{bmatrix}$$

Etapa 2: $i = 2$

Pivô: $a_{ii} = a_{22} = \dfrac{5}{3}$

Multiplicador para a linha abaixo da linha do pivô:

$$m_{32} = \frac{a_{32}}{a_{22}} = \frac{1/3}{5/3} = \frac{1}{5}$$

Operações sobre a linha 3:

$$L_3 - m_{32} \cdot L_2 \to L_3$$

O resultado é:

$$\begin{bmatrix} 3 & 1 & 2 & | & 9 \\ 0 & 5/3 & -5/3 & | & -5 \\ 0 & 0 & 3 & | & 9 \end{bmatrix}$$

Segunda fase: zerando acima da diagonal principal

Etapa 1: $i = 3$

Pivô: $a_{ii} = a_{33} = 3$

Multiplicadores para as linhas acima da linha do pivô:

$$m_{23} = \frac{a_{23}}{a_{33}} = \frac{-5/3}{3} = -\frac{5}{9} \quad e \quad m_{13} = \frac{a_{13}}{a_{33}} = \frac{2}{3}$$

Operações sobre as linhas 1 e 2:

$$L_1 - m_{13} \cdot L_3 \to L_1 \quad e \quad L_2 - m_{23} \cdot L_3 \to L_2$$

$$\begin{bmatrix} 3 & 1 & 0 & | & 3 \\ 0 & 5/3 & 0 & | & 0 \\ 0 & 0 & 3 & | & 9 \end{bmatrix}$$

Etapa 2: i = 2
Pivô: $a_{ii} = a_{22} = \frac{5}{3}$
Multiplicador para a linha acima da linha do pivô:

$$m_{12} = \frac{a_{12}}{a_{22}} = \frac{1}{5/3} = \frac{3}{5}$$

Operações sobre a linha 1:

$$L_1 - m_{12} \cdot L_2 \to L_1$$

O resultado é:

$$\begin{bmatrix} 3 & 0 & 0 & | & 3 \\ 0 & 5/3 & 0 & | & 0 \\ 0 & 0 & 3 & | & 9 \end{bmatrix}$$

A matriz dos coeficientes é uma matriz **diagonal**. Para transformá-la em matriz **identidade**, dividimos cada linha pelo valor do elemento dessa linha na diagonal principal da matriz, resultando em:

$$\begin{bmatrix} 1 & 0 & 0 & | & 1 \\ 0 & 1 & 0 & | & 0 \\ 0 & 0 & 1 & | & 3 \end{bmatrix}$$

Observamos, então, a solução do sistema no vetor das constantes, ou seja, $X = \begin{bmatrix} 1 \\ 0 \\ 3 \end{bmatrix}$.

INVERSÃO DE MATRIZES PELO PROCESSO DE GAUSS-JORDAN

Se uma matriz [A] admitir inversa [A^{-1}], podemos determinar a matriz inversa de [A] pelo método de Gauss-Jordan, de forma que a matriz aumentada [A|I], sendo [I] a matriz identidade, pode ser transformada para [I|A^{-1}].

Exemplo 4.6

Vamos, agora, calcular a inversa da matriz $\begin{bmatrix} 1 & 2 & 3 \\ 0 & 3 & 1 \\ 2 & 1 & 1 \end{bmatrix}$.

$\det(A) = 3 + 0 + 4 - 18 - 0 - 1 = -12 \neq 0$

$$\begin{bmatrix} 1 & 2 & 3 & | & 1 & 0 & 0 \\ 0 & 3 & 1 & | & 0 & 1 & 0 \\ 2 & 1 & 1 & | & 0 & 0 & 1 \end{bmatrix}$$

$$\begin{bmatrix} 1 & 2 & 3 & | & 1 & 0 & 0 \\ 0 & 3 & 1 & | & 0 & 1 & 0 \\ 0 & -3 & -5 & | & -2 & 0 & 1 \end{bmatrix}$$

$$\begin{bmatrix} 1 & 2 & 3 & | & 1 & 0 & 0 \\ 0 & 3 & 1 & | & 0 & 1 & 0 \\ 0 & 0 & -4 & | & -2 & 1 & 1 \end{bmatrix}$$

$$\begin{bmatrix} 1 & 2 & 0 & | & -1/2 & 3/4 & 3/4 \\ 0 & 3 & 0 & | & -1/2 & 5/4 & 1/4 \\ 0 & 0 & -4 & | & -2 & 1 & 1 \end{bmatrix}$$

$$\begin{bmatrix} 1 & 0 & 0 & | & -1/6 & -1/12 & 7/12 \\ 0 & 3 & 0 & | & -1/2 & 5/4 & 1/4 \\ 0 & 0 & -4 & | & -2 & 1 & 1 \end{bmatrix}$$

$$\begin{bmatrix} 1 & 0 & 0 & | & -1/6 & -1/12 & 7/12 \\ 0 & 1 & 0 & | & -1/6 & 5/12 & 1/12 \\ 0 & 0 & 1 & | & 1/2 & -1/4 & -1/4 \end{bmatrix}$$

A inversa da matriz $\begin{bmatrix} 1 & 2 & 3 \\ 0 & 3 & 1 \\ 2 & 1 & 1 \end{bmatrix}$ é a matriz $\begin{bmatrix} -1/6 & -1/12 & 7/12 \\ -1/6 & 5/12 & 1/12 \\ 1/2 & -1/4 & -1/4 \end{bmatrix}$.

DECOMPOSIÇÃO OU FATORAÇÃO LU

Esse processo de fatoração para resolver sistemas de equações consiste em decompor a matriz dos coeficientes [A] em um produto de duas ou mais matrizes e resolver uma sequência de sistemas lineares.

Vejamos o seguinte sistema: **AX = B**.

Fazendo A = CD, ele se torna: $(CD)X = B$. Se Y = DX, resolvemos CY = B e, em seguida, DX = Y.

A vantagem dos processos de fatoração é que sistemas de equações que apresentem a mesma matriz dos coeficientes e difiram apenas pelo vetor das constantes são facilmente resolvidos.

A fatoração LU é a mais comumente empregada quando L é a matriz triangular inferior e U a matriz triangular superior, cujos elementos estão relacionados com o método de eliminação de Gauss.

Exemplo 4.7

Vamos resolver os sistemas a seguir:

$$(1)\begin{cases} 2x_1 + 3x_2 + x_3 = 11 \\ x_1 - 2x_2 + 4x_3 = 9 \\ 3x_1 + 4x_2 - x_3 = 8 \end{cases} \quad \text{e} \quad (2)\begin{cases} 2x_1 + 3x_2 + x_3 = 5 \\ x_1 - 2x_2 + 4x_3 = -1 \\ 3x_1 + 4x_2 - x_3 = 10 \end{cases}$$

Solução:

A matriz dos coeficientes é a mesma para os dois sistemas:

$$\begin{bmatrix} 2 & 3 & 1 \\ 1 & -2 & 4 \\ 3 & 4 & -1 \end{bmatrix}$$

Do método de eliminação de Gauss, obtemos:

$$m_{21} = \frac{a_{21}}{a_{11}} = \frac{1}{2} \quad \text{e} \quad m_{31} = \frac{a_{31}}{a_{11}} = \frac{3}{2}$$

A matriz dos coeficientes torna-se:

$$\begin{bmatrix} 2 & 3 & 1 \\ 0 & -7/2 & 7/2 \\ 0 & -1/2 & -5/2 \end{bmatrix}$$

Continuando, $m_{32} = \dfrac{a_{32}}{a_{22}} = \dfrac{-\frac{1}{2}}{-\frac{7}{2}} = \dfrac{1}{7}$, e a matriz dos coeficientes: $\begin{bmatrix} 2 & 3 & 1 \\ 0 & -7/2 & 7/2 \\ 0 & 0 & -3 \end{bmatrix}$.

Os fatores (matrizes) L e U são:

$$L = \begin{bmatrix} 1 & 0 & 0 \\ 1/2 & 1 & 0 \\ 3/2 & 1/7 & 1 \end{bmatrix} \text{ e } U = \begin{bmatrix} 2 & 3 & 1 \\ 0 & -7/2 & 7/2 \\ 0 & 0 & -3 \end{bmatrix}$$

Resolvendo o sistema:

$$\begin{cases} 2x_1 + 3x_2 + x_3 = 11 \\ x_1 - 2x_2 + 4x_3 = 9 \\ 3x_1 + 4x_2 - x_3 = 8 \end{cases}$$

LY = B:

$$\begin{cases} 1y_1 = 11 \\ \frac{1}{2}y_1 + y_2 = 9 \\ \frac{3}{2}y_1 + \frac{1}{7}y_2 + y_3 = 8 \end{cases}$$

Com solução: $Y = \begin{bmatrix} 11 & \frac{7}{2} & -9 \end{bmatrix}^T$

UK = Y:

$$\begin{cases} 2x_1 + 3x_2 + x_3 = 11 \\ -\frac{7}{2}x_2 + \frac{7}{2}x_3 = \frac{7}{2} \\ -3x_3 = -9 \end{cases}$$

O resultado é: $X = \begin{bmatrix} 1 & 2 & 3 \end{bmatrix}^T$.

Resolvendo o sistema:

$$\begin{cases} 2x_1 + 3x_2 + x_3 = 5 \\ x_1 - 2x_2 + 4x_3 = -1 \\ 3x_1 + 4x_2 - x_3 = 10 \end{cases}$$

LY = B:

$$\begin{cases} 1y_1 = 5 \\ \frac{1}{2}y_1 + y_2 = -1 \\ \frac{3}{2}y_1 + \frac{1}{7}y_2 + y_3 = 10 \end{cases}$$

Com solução: $Y = \begin{bmatrix} 5 & -\frac{7}{2} & 3 \end{bmatrix}^T$

UK = Y:

$$\begin{cases} 2x_1 + 3x_2 + x_3 = 5 \\ -\frac{7}{2}x_2 + \frac{7}{2}x_3 = -\frac{7}{2} \\ -3x_3 = 3 \end{cases}$$

O resultado é: $X = \begin{bmatrix} 3 & 0 & -1 \end{bmatrix}^T$.

Existem outras formas de realizar a fatoração de matrizes, por exemplo, com a fatoração de Choleski, com condição de empregabilidade para a matriz dos coeficientes [A], que deve ser simétrica e positiva, o que restringe seu uso, tornando a fatoração LU de emprego mais comum.

4.2 Sistemas de equações não lineares

Sistemas não lineares podem apresentar uma única solução, muitas soluções ou nenhuma solução, da mesma forma que os sistemas lineares. A caracterização dos sistemas não lineares, no entanto, envolve termos com as incógnitas com potências diferentes da unidade.

Para a resolução deles, podemos empregar métodos iterativos que, por meio de uma atribuição inicial, geram uma sequência de aproximações até que um critério de parada seja atendido.

Considerando que o sistema de equações não lineares seja escrito na forma F(x) = 0, um critério de parada consiste em verificar se todas as componentes de F(x) têm módulo muito pequeno. Outro critério de parada é testar se a diferença entre duas estimativas das incógnitas é muito pequena. Cada equação do sistema é uma função de várias incógnitas, que pode ser escrito como: $f_i(x) = f_i(x_1, x_2, \ldots, x_n) = 0$, com i = 1, 2,..., n.

4.2.1 Método de Newton

O método mais empregado e conhecido é o **método de Newton**, que requer basicamente:

a) A determinação e a avaliação da matriz jacobiana em cada estimativa de solução, que é dada por:

$$J(x) = \begin{bmatrix} \dfrac{\partial f_1(x)}{\partial x_1} & \dfrac{\partial f_1(x)}{\partial x_2} & \cdots & \dfrac{\partial f_1(x)}{\partial x_n} \\ \dfrac{\partial f_2(x)}{\partial x_1} & \dfrac{\partial f_2(x)}{\partial x_2} & \cdots & \dfrac{\partial f_2(x)}{\partial x_n} \\ \cdots & \cdots & & \cdots \\ \dfrac{\partial f_n(x)}{\partial x_1} & \dfrac{\partial f_n(x)}{\partial x_2} & \cdots & \dfrac{\partial f_n(x)}{\partial x_n} \end{bmatrix}$$

b) A resolução do **sistema linear** $J(X^{(k)}) \; S^{(k)} = -F(X^{(k)})$, em que $S^{(k)}$ é o vetor de atualização das estimativas da solução do sistema de equações lineares mediante: $X^{(k+1)} = X^{(k)} + S^{(k)}$.

Roteiro de cálculo

Dados: sistema de equações, a tolerância ϵ e a atribuição inicial $X^{(k)} = X^{(0)}$.

Passo 1: Calcular $F(X^{(k)})$ e $J(X^{(k)})$.

Passo 2: Obter a solução do sistema linear: $J(X^{(k)}) \cdot S^{(k)} = -F(X^{(k)})$.

Passo 3: Fazer $X^{(k+1)} = X^{(k)} + S^{(k)}$.

Passo 4: Testar critério de parada: $\|X^{(k+1)} - X^{(k)}\| < \epsilon$.

Se atendido, **parar** o processo.

Caso contrário:

Passo 5: $k \leftarrow k + 1$ e voltar ao passo 1.

Exemplo 4.8
Resolução de sistema de equações não lineares.

Dados: $\begin{cases} x_1 + x_2 - 3 = 0 \\ (x_1)^2 + (x_2)^2 - 9 = 0 \end{cases}$ $\epsilon = 10^{-2}$ e $X^{(0)} = \begin{bmatrix} 1 \\ 5 \end{bmatrix}$ e $k = 0$

- **Calculando com k = 0.**

$$J(X) = \begin{bmatrix} 1 & 1 \\ 2x_1 & 2x_2 \end{bmatrix}, \text{ então, } J(X^{(0)}) = \begin{bmatrix} 1 & 1 \\ 2 & 10 \end{bmatrix}$$

$$F(X^{(0)}) = \begin{bmatrix} 1 + 5 - 3 \\ 1^2 + 5^2 - 9 \end{bmatrix} = \begin{bmatrix} 3 \\ 17 \end{bmatrix}$$

Resolvendo o sistema linear $J(X^{(0)}) \cdot S^{(0)} = -F(X^{(0)})$, temos:

$$\begin{bmatrix} 1 & 1 \\ 2 & 10 \end{bmatrix} \cdot \begin{bmatrix} s_1 \\ s_2 \end{bmatrix} = -\begin{bmatrix} 3 \\ 17 \end{bmatrix}, \text{ com solução: } \begin{bmatrix} s_1 \\ s_2 \end{bmatrix} = \begin{bmatrix} -1{,}625 \\ -1{,}375 \end{bmatrix}.$$

A estimativa para as incógnitas é:

$$X^{(1)} = X^{(0)} + S^{(0)} = \begin{bmatrix} 1 \\ 5 \end{bmatrix} + \begin{bmatrix} -1{,}625 \\ -1{,}375 \end{bmatrix} = \begin{bmatrix} -0{,}625 \\ +3{,}625 \end{bmatrix}$$

Teste de convergência: $\|X^{(1)} - X^{(0)}\| < 10^{-2}$.

$\|X^{(1)} - X^{(0)}\| = \text{máx}\{1{,}625;\ 1{,}375\} = 1{,}625 \gg 10^{-2}$. **Não atendido.**

Então, $K \leftarrow k + 1 = 0 + 1 = 1$.

- **Calculando com k = 1.**

$$J(X^{(1)}) = \begin{bmatrix} 1 & 1 \\ -1{,}25 & 7{,}25 \end{bmatrix}$$

$$F(X^{(1)}) = \begin{bmatrix} -0{,}625 + 3{,}625 - 3 \\ (-0{,}625)^2 + (3{,}625)^2 - 9 \end{bmatrix} = \begin{bmatrix} 0 \\ 4{,}53125 \end{bmatrix}$$

Resolvendo o sistema linear $J(X^{(1)}) \cdot S^{(1)} = -F(X^{(1)})$, temos:

$$\begin{bmatrix} 1 & 1 \\ -1{,}25 & +7{,}25 \end{bmatrix} \cdot \begin{bmatrix} s_1 \\ s_2 \end{bmatrix} = -\begin{bmatrix} 0 \\ 4{,}53125 \end{bmatrix}$$

A solução é: $\begin{bmatrix} s_1 \\ s_2 \end{bmatrix} = \begin{bmatrix} 0{,}533088235 \\ -0{,}533088235 \end{bmatrix}$

A estimativa para as incógnitas é:

$$X^{(2)} = X^{(1)} + S^{(1)} = \begin{bmatrix} -0{,}625 \\ 3{,}625 \end{bmatrix} + \begin{bmatrix} 0{,}533088235 \\ -0{,}533088235 \end{bmatrix} = \begin{bmatrix} -0{,}091911765 \\ 3{,}091911765 \end{bmatrix}$$

Teste de convergência: $\|X^{(2)} - X^{(1)}\| < 10^{-2}$

$X^{(2)} - X^{(1)} = \text{máx}\{|S|\} = 0{,}533088235 \gg 10^{-2}$. **Não atendido.**

Entã, **k ← k + 1 = 1 + 1 = 2**.

- **Calculando com k = 2.**

$$J(X^{(2)}) = \begin{bmatrix} 1 & 1 \\ -0{,}18382353 & 6{,}18382353 \end{bmatrix}$$

$$F(X^{(2)}) = \begin{bmatrix} -0{,}0919\ldots + 3{,}0919\ldots - 3 \\ (-0{,}0919\ldots)^2 + (3{,}0919\ldots)^2 - 9 \end{bmatrix} = \begin{bmatrix} 0 \\ 0{,}568366135 \end{bmatrix}$$

Resolvendo o sistema linear $J(X^{(1)}) \cdot S^{(1)} = -F(X^{(1)})$, temos:

$$\begin{bmatrix} 1 & 1 \\ -0{,}18382353 & 6{,}18382353 \end{bmatrix} \cdot \begin{bmatrix} s_1 \\ s_2 \end{bmatrix} = -\begin{bmatrix} 0 \\ 0{,}568366135 \end{bmatrix}$$

A solução é: $\begin{bmatrix} s_1 \\ s_2 \end{bmatrix} = \begin{bmatrix} 0{,}089258423 \\ -0{,}089258423 \end{bmatrix}$

A estimativa para as incógnitas é:

$$X^{(3)} = X^{(2)} + S^{(2)} = \begin{bmatrix} -0{,}0919\ldots \\ 3{,}0919\ldots \end{bmatrix} + \begin{bmatrix} +0{,}0892\ldots \\ -0{,}0892\ldots \end{bmatrix} = \begin{bmatrix} -0{,}002653342 \\ 3{,}002653342 \end{bmatrix}$$

Teste de convergência: $\|X^{(3)} - X^{(2)}\| < 10^{-2}$.

$\|X^{(3)} - X^{(2)}\| = \text{máx}\{|S|\} = 0{,}089258423 > 10^{-2}$. **Não atendido.**

Então, **k ← k + 1 = 2 + 1 = 3**.

- **Calculando com k = 3.**

$J(x) = \begin{vmatrix} 1 & 1 \\ 2x_1 & 2x_2 \end{vmatrix}$, então, $J(X^{(2)}) = \begin{bmatrix} 1 & 1 \\ -0{,}005306684 & 6{,}005306684 \end{bmatrix}$

$$F(X^{(2)}) = \begin{bmatrix} -0{,}00265\ldots + 3{,}00265\ldots - 3 \\ (-0{,}00265\ldots)^2 + (3{,}00265\ldots)^2 - 9 \end{bmatrix} = \begin{bmatrix} 0 \\ 0{,}0115934132 \end{bmatrix}$$

Resolvendo o sistema linear $J(X^{(1)}) \cdot S^{(1)} = -F(X^{(1)})$, temos:

$$\begin{bmatrix} 1 & 1 \\ -0,005306684 & 6,005306684 \end{bmatrix} \cdot \begin{bmatrix} s_1 \\ s_2 \end{bmatrix} = -\begin{bmatrix} 0 \\ 0,0115934132 \end{bmatrix}$$

A solução é: $\begin{bmatrix} s_1 \\ s_2 \end{bmatrix} = \begin{bmatrix} 0,00192882647 \\ -0,00192882647 \end{bmatrix}$

A estimativa para as incógnitas é:

$$X^{(3)} = X^{(2)} + S^{(2)} = \begin{bmatrix} -0,00265... \\ 3,00265... \end{bmatrix} + \begin{bmatrix} +0,0019288647 \\ -0,0019288647 \end{bmatrix} = \begin{bmatrix} -0,000724477 \\ 3,000724477 \end{bmatrix}$$

Teste de convergência: $\|X^{(2)} - X^{(1)}\| < 10^{-2}$.

$\|X^{(3)} - X^{(2)}\| = \text{máx}\{\|S\|\} = 0,0019288647 < 10^{-2}$. **Critério de parada atendido.**

Então, a solução para o sistema é: **$x_1 = 0$ e $x_2 = 3$**.

4.2.2 Método de Newton modificado

O método de Newton é modificado **mantendo a matriz jacobiana da primeira iteração constante em todo o processo iterativo**.

Apresenta a desvantagem de requerer um número maior de iterações necessárias para a convergência, porém com vantagem pela simplicidade de cálculos em cada iteração se comparado ao método original, pois não é necessário realizar a eliminação de Gauss em cada iteração. A matriz dos coeficientes é fatorada na forma LU na primeira iteração e esses fatores são mantidos constantes em todo o processo iterativo.

Exemplo 4.9
Resolução pelo método de Newton modificado:

Dados: $F = \begin{cases} x_1 + x_2 - 3 = 0 \\ (x_1)^2 + (x_2)^2 - 9 = 0 \end{cases}$ com $\epsilon = 10^{-2}$ e $X^{(0)} = \begin{bmatrix} 1 \\ 5 \end{bmatrix}$.

- **Calculando com k = 0.**

$$J(X) = \begin{bmatrix} 1 & 1 \\ 2x_1 & 2x_2 \end{bmatrix} \text{ então, } J(X^{(0)}) = \begin{bmatrix} 1 & 1 \\ 2 & 10 \end{bmatrix}$$

$$F(X^{(0)}) = \begin{bmatrix} 1 + 5 - 3 \\ 1^2 + 5^2 - 9 \end{bmatrix} = \begin{bmatrix} 3 \\ 17 \end{bmatrix}$$

Resolvendo o sistema linear: $J(X^{(0)}) \cdot S^{(0)} = -F(X^{(0)})$:

$$\begin{bmatrix} 1 & 1 \\ 2 & 10 \end{bmatrix} \cdot \begin{bmatrix} s_1 \\ s_2 \end{bmatrix} = -\begin{bmatrix} 3 \\ 17 \end{bmatrix} \text{ com solução: } \begin{bmatrix} s_1 \\ s_2 \end{bmatrix} = \begin{bmatrix} -1{,}625 \\ -1{,}375 \end{bmatrix}$$

Estimativa para as incógnitas:

$$X^{(1)} = X^{(0)} + S^{(0)} = \begin{bmatrix} 1 \\ 5 \end{bmatrix} + \begin{bmatrix} -1{,}625 \\ -1{,}375 \end{bmatrix} = \begin{bmatrix} -0{,}625 \\ +3{,}625 \end{bmatrix}$$

Teste de convergência: $\|X^{(1)} - X^{(0)}\| < 10^{-2}$.

$\|X^{(1)} - X^{(0)}\| = \text{máx}\{1{,}625; 1{,}375\} = 1{,}625 \gg 10^{-2}$. **Não atendido.**

Então, **K ← K + 1 = 0 + 1 = 1**.

- **Calculando com k = 1.**

$$F(X^{(1)}) = \begin{bmatrix} -0{,}625 + 3{,}625 - 3 \\ (-0{,}625)^2 + (3{,}625)^2 - 9 \end{bmatrix} = \begin{bmatrix} 0 \\ 4{,}53125 \end{bmatrix}$$

Resolvendo o sistema linear: $J(X^{(0)}) \cdot S^{(1)} = -F(X^{(1)})$:

$$\begin{bmatrix} 1 & 1 \\ 2 & 10 \end{bmatrix} \cdot \begin{bmatrix} s_1 \\ s_2 \end{bmatrix} = -\begin{bmatrix} 0 \\ 4{,}53125 \end{bmatrix} \text{ com solução: } \begin{bmatrix} s_1 \\ s_2 \end{bmatrix} = \begin{bmatrix} +0{,}56640625 \\ -0{,}56640625 \end{bmatrix}$$

Estimativa para as incógnitas:

$$X^{(2)} = X^{(1)} + S^{(1)} = \begin{bmatrix} -0{,}05859375 \\ +3{,}05859375 \end{bmatrix}$$

Teste de convergência: $\|X^{(2)} - X^{(1)}\| = \text{máx}\|S^{(1)}\| < 10^{-2}$. **Não atendido.**
Então, **k ← k + 1 = 1 + 1 = 2**.

- **Calculando com k = 2.**

$$F(X^{(2)}) = \begin{bmatrix} 0 \\ 0{,}358428955 \end{bmatrix}$$

Resolvendo o sistema linear: $J(X^{(0)}) \cdot S^{(2)} = -F(X^{(2)})$:

$$\begin{bmatrix} 1 & 1 \\ 2 & 10 \end{bmatrix} \cdot \begin{bmatrix} s_1 \\ s_2 \end{bmatrix} = -\begin{bmatrix} 0 \\ 0{,}358428955 \end{bmatrix} \text{ com solução: } \begin{bmatrix} s_1 \\ s_2 \end{bmatrix} = \begin{bmatrix} +0{,}044803619 \\ -0{,}044803619 \end{bmatrix}$$

Estimativa para as incógnitas:

$$X^{(3)} = X^{(2)} + S^{(2)} = \begin{bmatrix} -0{,}013790131 \\ +3{,}013790131 \end{bmatrix}$$

Teste de convergência: $\|X^{(3)} - X^{(2)}\| = \text{máx}\|S^{(2)}\| < 10^{-2}$. **Não atendido.**
Então, **k ← k + 1 = 3**.

- **Calculando com k = 3.**

$$F(X^{(3)}) = \begin{bmatrix} 0 \\ 0{,}083121121 \end{bmatrix}$$

Resolvendo o sistema linear: $J(X^{(0)}) \cdot S^{(3)} = -F(X^{(3)})$:

$$\begin{bmatrix} 1 & 1 \\ 2 & 10 \end{bmatrix} \cdot \begin{bmatrix} s_1 \\ s_2 \end{bmatrix} = -\begin{bmatrix} 0 \\ 0{,}083121121 \end{bmatrix} \text{ com solução: } \begin{bmatrix} s_1 \\ s_2 \end{bmatrix} = \begin{bmatrix} +0{,}01039014 \\ -0{,}01039014 \end{bmatrix}$$

Estimativa para as incógnitas:

$$X^{(4)} = X^{(3)} + S^{(3)} = \begin{bmatrix} -0{,}003399991 \\ +3{,}003399991 \end{bmatrix}$$

Teste de convergência: $\|X^{(4)} - X^{(3)}\| = \text{máx}\|S^{(3)}\| < 10^{-2}$. **Não atendido.**
Então, **k ← k + 1 = 4**.

- **Calculando com k = 4.**

$$F(X^{(4)}) = \begin{bmatrix} 0 \\ 0{,}020423065 \end{bmatrix}$$

Resolvendo o sistema linear: $J(X^{(0)}) \cdot S^{(4)} = -F(X^{(4)})$:

$$\begin{bmatrix} 1 & 1 \\ 2 & 10 \end{bmatrix} \cdot \begin{bmatrix} s_1 \\ s_2 \end{bmatrix} = -\begin{bmatrix} 0 \\ 0{,}020423065 \end{bmatrix} \text{ com solução: } \begin{bmatrix} s_1 \\ s_2 \end{bmatrix} = \begin{bmatrix} +0{,}002552883235 \\ -0{,}002552883235 \end{bmatrix}$$

Estimativa para as incógnitas:

$$X^{(5)} = X^{(4)} + S^{(4)} = \begin{bmatrix} -0{,}000847107765 \\ +3{,}000847107765 \end{bmatrix}$$

Teste de convergência: $\|X^{(5)} - X^{(4)}\| = \text{máx}\|S^{(4)}\| = 0{,}00255\ldots < 10^{-2}$. **Atendido.**

Solução: $X^{(5)} = \begin{bmatrix} x_1 \\ x_2 \end{bmatrix} = \begin{bmatrix} -0{,}000847107765 \\ +3{,}00847107765 \end{bmatrix}$, com erro menor que 10^{-2}.

A solução exata para o sistema de equações não lineares é: $x_1 = 0$ e $x_2 = 3$ ou $x_1 = 3$ e $x_2 = 0$.

Esse procedimento requer mais iterações que o método de Newton, porém apresenta simplicidade de cálculo porque a matriz jacobiana é determinada uma única vez. Em termos computacionais, requer menor esforço.

Síntese

A ocorrência de sistemas de equações em diversas situações cotidianas e a necessidade de solução para essas situações levam ao desenvolvimento de procedimentos algébricos e numéricos.

A linearidade das equações do sistema conduz a um grupo de técnicas possíveis de solução, e a não linearidade direciona ao emprego de outras técnicas.

Alguns procedimentos para a solução de sistemas lineares podem apresentar o resultado sem ocorrência de erros, casos em que as operações elementares realizadas sobre as matrizes forem efetuadas com números racionais (frações). Se os valores numéricos forem manipulados com decimais, podem ocorrer erros na resposta em razão dos arredondamentos realizados nas operações elementares.

Em sistemas lineares, a solução é obtida com o emprego do método de Newton ou do método de Newton modificado. Essas duas formas de solução de sistema de equações não lineares são processos iterativos e constituem uma generalização do método de Newton-Raphson para a determinação de raiz de equação transcendente. Os processos são encerrados quando um critério de parada é atendido mediante uma precisão na resposta obtida.

Atividades de autoavaliação

1) Qual dos sistemas lineares a seguir pode ser resolvido pelo método de Gauss-Seidel?

   a. $\begin{cases} x_1 + 2x_2 + 5x_3 = 1 \\ x_1 - x_2 + x_3 = 4 \\ 6x_1 - x_2 + 3x_3 = 2 \end{cases}$

   b. $\begin{cases} 2x_1 + 5x_2 - x_3 = -5 \\ x_1 + 2x_2 + 4x_3 = 7 \\ 5x_1 + x_2 + x_3 = 6 \end{cases}$

   c. $\begin{cases} x_1 + 2x_2 + 5x_3 = 10 \\ x_1 - x_2 + x_3 = 4 \\ 6x_1 - x_2 + 7x_3 = 12 \end{cases}$

   d. $\begin{cases} 2x_1 + 15x_2 - x_3 = -5 \\ x_1 + 7x_2 + 4x_3 = 17 \\ 5x_1 + x_2 + x_3 = 16 \end{cases}$

2) Usando fatoração LU, quais seriam os sistemas vantajosos de solução?

I. $\begin{cases} 2x_1 + x_2 + x_3 = 7 \\ x_1 + 2x_2 - x_3 = 8 \\ 2x_1 + 3x_2 - x_3 = 3 \end{cases}$

II. $\begin{cases} 2x_1 + 5x_2 - x_3 = -5 \\ x_1 + 2x_2 + 4x_3 = 7 \\ 5x_1 + x_2 + x_3 = 6 \end{cases}$

III. $\begin{cases} x_1 + 2x_2 + 5x_3 = 1 \\ x_1 - x_2 + x_3 = 4 \\ 6x_1 - x_2 + 3x_3 = 2 \end{cases}$

IV. $\begin{cases} x_1 + 2x_2 - x_3 = 6 \\ 2x_1 + 3x_2 - x_3 = 10 \\ 2x_1 + x_2 + x_3 = 6 \end{cases}$

a. I e IV.
b. II e III.
c. I e II.
d. III e IV.

3) Nas operações com matrizes, pode ocorrer a necessidade de determinar a inversa de uma matriz quadrada. Qual dos processos citados a seguir permite realizar esse cálculo?
a. Eliminação de Gauss.
b. Gauss-Jacobi.
c. Gauss-Seidel.
d. Gauss-Jordan.

4) Qual é a vantagem do método de Newton modificado em relação ao método de Newton na resolução de sistemas de equações lineares?
a. Utiliza menos iterações para uma mesma precisão de resposta.
b. Utiliza mais iterações para uma mesma precisão de resposta.
c. A matriz jacobiana é determinada uma única vez.
d. Nenhuma das alternativas anteriores está correta.

5) O atendimento ao critério das linhas é uma maneira de determinar se um Sela pode ou não ser resolvido por métodos indiretos. O que significa dominância da diagonal principal?
a. Cada elemento da diagonal principal na matriz dos coeficientes deve ter valor absoluto maior ou igual à soma dos valores absolutos dos demais elementos da mesma linha desse elemento.

b. Cada elemento da diagonal principal na matriz dos coeficientes deve ser maior ou igual à soma dos demais elementos da mesma linha desse elemento.

c. Cada elemento da diagonal principal na matriz dos coeficientes deve ter valor absoluto maior ou igual à soma dos valores absolutos dos demais elementos da mesma coluna desse elemento.

d. Nenhuma das alternativas anteriores está correta.

Atividades de aprendizagem

Questões para reflexão

1) Um sistema de equações lineares que pode ser resolvido por métodos indiretos também poderá ser resolvido por métodos diretos?

2) Cite alguns casos cotidianos de ocorrência de sistemas de equações.

Atividades aplicadas: prática

1) Utilizando o método de Gauss-Seidel, quais valores são obtidos pela resolução do Sela
$$\begin{cases} 2x_1 + 5x_2 - x_3 = -5 \\ x_1 + 2x_2 + 4x_3 = 7 \\ 5x_1 + x_2 + x_3 = 6 \end{cases}$$ após quatro iterações? Utilize 6 casas decimais em seus cálculos.

2) Qual é a solução dos sistemas a seguir utilizando fatoração LU? Utilize frações em seus cálculos.

a. $\begin{cases} 2x_1 + x_2 + x_3 = 7 \\ x_1 + 2x_2 - x_3 = 8 \\ 2x_1 + 3x_2 - x_3 = 3 \end{cases}$

b. $\begin{cases} x_1 + 2x_2 - x_3 = 6 \\ 2x_1 + 3x_2 - x_3 = 10 \\ 2x_1 + x_2 + x_3 = 6 \end{cases}$

3) Usando o método de Newton, com atribuição inicial $\begin{bmatrix} 0,5 & 0,5 & 0,5 \end{bmatrix}^T$, que resultados são obtidos após três iterações?

$$\begin{cases} x^2 + y^2 + z^2 - 1 = 0 \\ 2x^2 + y^2 - 4z = 0 \\ 3x^2 - 4y + z^2 = 0 \end{cases}$$

5
Interpolação e extrapolação

A interpolação e a extrapolação são procedimentos empregados sobre dados numéricos apresentados normalmente na forma de tabelas, sem definição ou conhecimento de uma equação geradora desses dados.

Inicialmente, abordaremos a interpolação, com destaque para as condições de empregabilidade dos procedimentos. A interpolação permite mensurar somente valores internos a uma faixa de valores numéricos tabelados. Na sequência, com exemplos, detalharemos diferentes formas de realizar a interpolação – como a interpolação linear, a interpolação polinomial, a forma de Lagrange e a forma de Newton. Também apresentaremos o processo de interpolação inversa.

A extrapolação tem características próprias e empregabilidade distinta da interpolação. O tratamento de muitos dados em algum experimento ou pesquisa cujos valores contenham erros inerentes é realizado pelo ajuste de curva. A equação resposta ou curva obtida poderá ser utilizada para mensurar valores internos e externos à tabela numérica.

5.1 Interpolação

Os métodos de interpolação remontam aos tempos de Keppler (1571-1630) e Newton. O primeiro, astrônomo e matemático alemão, tinha acesso a um conjunto de observações astronômicas da posição dos planetas no céu. Interpolando a posição entre os pontos observados, ele pôde determinar a trajetória dos planetas em torno do Sol. Mais tarde, Newton usou esses mesmos dados e a técnica de interpolação para deduzir as Leis da Gravidade.

Em engenharia civil, podemos encontrar alguns exemplos do uso da interpolação no cálculo estrutural. Não é raro nos depararmos com tabelas de cisalhamento com valores espaçados por metro. Eventualmente, precisamos encontrar esse valor entre dois pontos da tabela. Nesse caso, então, a interpolação é útil.

Em processamento de sinais, também é utilizada a interpolação. No processamento de um áudio, por exemplo, o áudio digitalizado na memória sempre terá falta de informação entre duas amostragens consecutivas por causa do próprio processo de digitalização. Dessa forma, a interpolação, durante a reconstrução do sinal, permite obter o áudio original com perda mínima de informação, garantindo a qualidade do sinal.

Interpolar consiste em aproximar uma função desconhecida *f(x)* (ou muito complexa) de outra função *g(x)* escolhida entre um grupo de funções e que satisfaça a algumas propriedades. Normalmente, empregam-se funções simples, como lineares, polinomiais, exponenciais e trigonométricas (senos e cossenos) para a interpolação, por serem funções sempre contínuas no conjunto dos números reais.

A interpolação é empregada quando:

a) são conhecidos somente valores numéricos da função para um conjunto de pontos – sendo necessário calcular o valor da função em um ponto não tabelado, interior à tabela.

b) a expressão da função em estudo é muito complexa e operações como diferenciação ou integração são muito difíceis ou até impossíveis de serem feitas.

É importantíssimo observarmos que as técnicas de interpolação são aplicáveis a **dados confiáveis**, ou seja, normalmente apresentados em apêndices de livros ou catálogos técnicos, em que tenha sido considerada uma teoria fundamentada e aplicável aos estudos. Não se aplica interpolação a dados de algum experimento ou de algum censo ou pesquisa com erros inerentes envolvidos nas informações.

Conceito de interpolação

Considere n + 1 pontos distintos de uma tabela, denotados por $x_0, x_1, \ldots, x_n$ denominados *nós da interpolação*, e os valores da função nesses pontos $f(x_0), f(x_1), f(x_2), \ldots, f(x_n)$. A interpolação apresenta uma função *g(x)* tal que $g(x_0) = f(x_0), g(x_1) = f(x_1), \ldots, g(x_n) = f(x_n)$, ou seja, nos nós de interpolação, os valores obtidos pela função interpoladora *g(x)* são iguais aos valores de *f(x)* apresentados na tabela de valores. Isso é representado no Gráfico 5.1 a seguir.

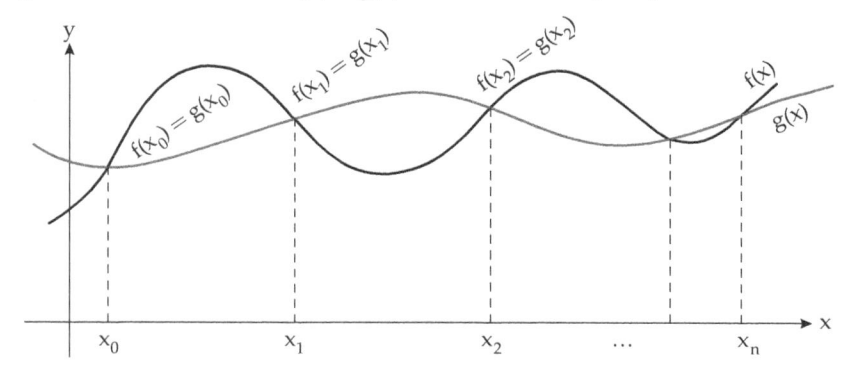

Gráfico 5.1 – Igualdade de valores de f(x) e g(x) nos nós de interpolação

5.1.1 Interpolação linear

É o processo mais simples de interpolação e, por isso, o mais empregado. Utiliza somente dois pontos da tabela de valores para realizar a interpolação, sendo esses dois pontos o imediatamente anterior e o imediatamente posterior ao valor que se deseja interpolar. Os demais pontos da tabela de valores são desconsiderados, o que torna a interpolação linear uma aproximação grotesca, porque não analisa características da função $f(x)$ que podem ser observadas pelos valores de todos os pontos da tabela. A forma para a equação interpoladora $g(x)$ é a de uma equação de reta passando por dois pontos.

$$y - y_1 = \frac{y_2 - y_1}{x_2 - x_1} \cdot (x - x_1)$$

Exemplo 5.1

Considerando a tabela que relaciona a temperatura da água e o calor específico:

Temperatura (°C)	20	25	30	35	40	45	50
Calor específico	0,99907	0,99852	0,99826	0,99818	0,99828	0,99849	0,99878

Como calculamos o calor específico da água à temperatura de 27 °C?

Solução:

Os pontos considerados são (25; 099852) e (30; 0,99826). A abscissa representa a temperatura, e a ordenada do ponto, o calor específico. Desejamos calcular o valor do calor específico usando a equação da reta que passa por dois pontos:

$$y - y_1 = \frac{y_2 - y_1}{x_2 - x_1} \cdot (x - x_1)$$

$$y - 0,99852 = \frac{0,99826 - 0,99852}{30 - 25} \cdot (27 - 25)$$

$$y = 0,99852 + \frac{(-0,00026) \cdot 2}{5} = 0,998416$$

O valor do calor específico é 0,998416 quando a água está à temperatura de 27 °C.

5.1.2 Interpolação polinomial

Nesse caso, a função interpoladora é um polinômio com forma dada por:

$$g(x) = p_n(x) = a_n \cdot x^n + a_{n-1} \cdot x^{n-1} + \ldots + a_2 \cdot x^2 + a_1 \cdot x + a_0$$

O grau do polinômio interpolador pode ser menor ou igual a *n*, tendo n + 1 pontos na tabela de valores.

A interpolação polinomial atende à condição de $f(x_k) = p_n(x_k)$, com k = 0, 1, 2,..., n, que leva ao sistema com n + 1 equações e n + 1 variáveis (ou incógnitas).

$$\begin{cases} a_0 + a_1 x_0 + a_2 x_0^2 + \ldots + a_n x_0^n = f(x_0) \\ a_0 + a_1 x_1 + a_2 x_1^2 + \ldots + a_n x_1^n = f(x_1) \\ \ldots \quad \ldots \quad \ldots \quad \ldots \quad \ldots \\ a_0 + a_1 x_n + a_2 x_n^2 + \ldots + a_n x_n^n = f(x_n) \end{cases}$$

Usando notação matricial, temos:

$$\begin{bmatrix} 1 & x_0 & \ldots & x_0^n \\ 1 & x_1 & \ldots & x_1^n \\ \ldots & \ldots & \ldots & \ldots \\ 1 & x_n & \ldots & x_n^n \end{bmatrix} \cdot \begin{bmatrix} a_0 \\ a_1 \\ \ldots \\ a_n \end{bmatrix} = \begin{bmatrix} f(x_0) \\ f(x_1) \\ \ldots \\ f(x_n) \end{bmatrix}$$

A matriz dos coeficientes é denominada *matriz de Vandermonde*[1] e terá $\det(A) \neq 0$, desde que os valores de x_k, com k = 0, 1, 2,...,n, sejam distintos, o que leva a um sistema possível e determinado (solução única).

Exemplo 5.2

Considerando a tabela de valores a seguir, determine o polinômio interpolador de grau ≤ 2 e calcule p(1).

x	−1	0	2
f(x)	4	1	−1

Solução:

Temos: $p(x) = a_0 + a_1 x + a_2 x^2 = f(x)$.

Para x = −1, obtemos: $a_0 + a_1 \cdot (-1) + a_2 \cdot (-1)^2 = 4$

---

[1] Em álgebra linear, uma matriz de Vandermonde, cujo nome faz referência ao matemático francês Alexandre-Théophile Vandermonde (1735-1796), é uma matriz em que os termos de cada linha estão em progressão geométrica.

Para x = 0, obtemos: $a_0 + a_1 \cdot 0 + a_2 \cdot 0^2 = 1$

Para x = 2, obtemos: $a_0 + a_1 \cdot 2 + a_2 \cdot 2^2 = -1$

Ou $\begin{cases} a_0 - a_1 + a_2 = 4 \\ a_0 = 1 \\ a_0 + 2a_1 + 4a_2 = -1 \end{cases}$

Com solução:

$$a_0 = 1;\ a_1 = -\frac{7}{3};\ e\ a_2 = \frac{2}{3}$$

Então, $1 - \frac{7}{3}x + \frac{2}{3}x^2 = p(x)$ é o **polinômio interpolador**.

Calculando $p(1) = 1 - \frac{7}{3} \cdot 1 + \frac{2}{3} \cdot 1^2 = -\frac{2}{3} = -0,666666\ldots$

Exemplo 5.3

A tabela a seguir apresenta a máxima demanda de energia diária em uma cidade.

Data	21 janeiro	31 janeiro	10 fevereiro	20 fevereiro
Demanda – pico em MW	10	17	20	14

Determine o polinômio interpolador e estime o consumo na data de 5 de fevereiro.

Solução:

n + 1 = 4 (número de pontos da tabela) ∴ n = 3 (grau de polinômio).

Polinômio interpolador: $p_3(x) = a_0 + a_1 x + a_2 x^2 + a_3 x^3$

As datas devem ser transformadas para não envolver os meses, mas os dias do ano, ou seja, 21 de janeiro é o 21º dia, 31 de janeiro é o 31º dia, 10 de fevereiro é o 41º dia e 20 de fevereiro é o 51º dia do ano, que são os valores de x. Gerando o sistema de equações na forma matricial:

$$\begin{bmatrix} 1 & 21 & 21^2 & 21^3 \\ 1 & 31 & 31^2 & 31^3 \\ 1 & 41 & 41^2 & 41^3 \\ 1 & 51 & 51^2 & 51^3 \end{bmatrix} \cdot \begin{bmatrix} a_0 \\ a_1 \\ a_2 \\ a_3 \end{bmatrix} = \begin{bmatrix} 10 \\ 17 \\ 20 \\ 14 \end{bmatrix}$$

Resolvendo o sistema linear nos coeficientes:

$a_0 = 4,522 \quad a_1 = -0,579 \quad a_2 = 0,0575 \quad a_3 = -8,33 \cdot 10^{-4}$

Resultando o polinômio interpolador:

$p(x) = 4,522 - 0,579x + 0,0575x^2 - 8,33 \cdot 10^{-4} x^3$

Para o dia 5 de fevereiro (36º dia do ano), com x = 36, resulta uma demanda de energia de 19,33 MW.

Podemos observar que, no Exemplo 5.2, a solução do sistema linear foi um processo simples e exato para a obtenção de *p(x)*. No Exemplo 5.3, também foi possível determinar o polinômio interpolador, porém com maior dificuldade, visto que a matriz de Vandermonde envolve valores elevados e com maior dificuldade para a solução do sistema linear.

Dependendo do sistema a ser resolvido, a matriz dos coeficientes pode ser mal condicionada e nos levar a situações nas quais não se verifica a definição de interpolação, ou seja, ocorre desigualdade entre o valor obtido pelo polinômio interpolador e o valor tabelado da função.

Exemplo 5.4

Considerando os dados da tabela:

x	0,1	0,2	0,3	0,4
f(x)	5	13	−4	−8

Temos como resultado o sistema linear:

$$\begin{cases} a_0 + 0{,}1a_1 + 0{,}1^2 a_2 + 0{,}1^3 a_3 = 5 \\ a_0 + 0{,}2a_1 + 0{,}2^2 a_2 + 0{,}2^3 a_3 = 13 \\ a_0 + 0{,}3a_1 + 0{,}3^2 a_2 + 0{,}3^3 a_3 = -4 \\ a_0 + 0{,}4a_1 + 0{,}4^2 a_2 + 0{,}4^3 a_3 = -8 \end{cases}$$

Realizando os **cálculos com três dígitos** e empregando o método de eliminação de Gauss, obtemos como solução:

$$p(x) = -0{,}66 \cdot 10^2 + 0{,}115 \cdot 10^4 x - 0{,}505 \cdot 10^4 x^2 + 0{,}633 \cdot 10^4 x^3$$

Calculando para x = 0,4, temos p(x) = −8,88 ≠ −8 = f(x).

Sistemas de equações mal condicionados ocorrem quando os valores na matriz dos coeficientes forem muito grandes ou muito pequenos. No exemplo anterior, ocorreram termos na ordem de 10^{-3}, como $0{,}1^3 = 0{,}1 \cdot 0{,}1 \cdot 0{,}1 = 0{,}001 = 10^{-3}$.

Uma possível solução é aplicar um multiplicador (no caso, 10) aos valores de *x*, tornando-os inteiros. A solução para o Sela pode ser obtida facilmente com o emprego do método de eliminação de Gauss, utilizando os valores numéricos representados por frações e sem o emprego de dízimas ou valores decimais.

A solução é dada por:

$$p(x) = -66 + \frac{691}{6}x - \frac{101}{2}x^2 + \frac{38}{6}x^3$$

Quando x = 4, resulta o valor p(x) = −8 = f(x).

Existem outros procedimentos para determinar o polinômio interpolador que não recaem em Sela. Na sequência, apresentamos as formas desenvolvidas por Lagrange[2] e por Newton.

---

2 Joseph Louis Lagrange foi um matemático italiano (1736-1813).

POLINÔMIO INTERPOLADOR POR LAGRANGE

Lagrange nos oferece uma alternativa para determinar o polinômio interpolador sem a resolução de sistemas de equações lineares, sendo as incógnitas do Sela os coeficientes dos termos do polinômio.

Considere $n + 1$ pontos distintos de uma tabela de valores, escritos na forma $(x_i; y_i)$ em que $y_i = f(x_i)$ e $i = 0, 1, 2,\ldots, n$.

O polinômio interpolador de grau $\leq n$ pode ser escrito da seguinte forma:

$$p_n(x) = y_0 \cdot L_0(x) + y_1 \cdot L_1(x) + \ldots + y_n \cdot L_n(x) = \sum_{k=0}^{n} y_k \cdot L_k(x)$$

Em que:

$$L_k(x) = \frac{\prod_{\substack{j=0 \\ j \neq k}}^{n}(x - x_j)}{\prod_{\substack{j=0 \\ j \neq k}}^{n}(x_k - x_j)}$$

Nota: O símbolo $\prod_{\substack{j=0 \\ j \neq k}}^{n}(x - x_j)$ denota o produtório dos termos $(x - x_j)$, sendo j o índice que identifica cada valor de x da tabela.

Exemplo 5.5

Determine o polinômio interpolador pela forma de Lagrange para a tabela de valores a seguir:

x	−1	0	2
f(x)	4	1	−1

Solução:

$$p_2(x) = y_0 \cdot L_0(x) + y_1 \cdot L_1(x) + y_2 \cdot L_2(x)$$

$$L_0(x) = \frac{(x - x_1) \cdot (x - x_2)}{(x_0 - x_1) \cdot (x_0 - x_2)} = \frac{(x - 0) \cdot (x - 2)}{(-1 - 0) \cdot (-1 - 2)} = \frac{x^2 - 2x}{3}$$

$$L_1(x) = \frac{(x - x_0) \cdot (x - x_2)}{(x_1 - x_0) \cdot (x_1 - x_2)} = \frac{(x + 1) \cdot (x - 2)}{(0 + 1) \cdot (0 - 2)} = \frac{x^2 - x - 2}{-2}$$

$$L_2(x) = \frac{(x - x_0) \cdot (x - x_1)}{(x_2 - x_0) \cdot (x_2 - x_1)} = \frac{(x + 1) \cdot (x - 0)}{(2 + 1) \cdot (2 - 0)} = \frac{x^2 + x}{6}$$

Calculando:

$$p(x) = 4 \cdot \left(\frac{x^2 - 2x}{3}\right) + 1 \cdot \left(\frac{x^2 - x - 2}{-2}\right) + (-1)\left(\frac{x^2 + x}{6}\right) = 1 - \frac{7}{3}x + \frac{2}{3}x^2$$

Observe que os dados utilizados no exemplo anterior são os mesmos dados do Exemplo 5.2. O polinômio interpolador resultou na mesma expressão.

POLINÔMIO INTERPOLADOR NA FORMA DE NEWTON

Newton apresenta um processo por **operador de diferenças divididas** para escrever o polinômio interpolador, utilizando a forma:

$$p(x) = d_0 + d_1 \cdot (x - x_0) + d_2 \cdot (x - x_0) \cdot (x - x_1) + \ldots + d_n(x - x_0)\ldots(x - x_{n-1})$$

Em que os d_i, com $i = 0, 1, 2, \ldots, n$, são as **diferenças divididas** (de ordem i) calculadas por:

$$d_0 = f(x_0)$$

$$d_1 = f(x_0, x_1) = \frac{f(x_1) - f(x_0)}{x_1 - x_0}$$

$$d_2 = f(x_0, x_1, x_2) = \frac{f(x_1, x_2) - f(x_0, x_1)}{x_2 - x_0}$$

E assim sucessivamente.

Exemplo 5.6

Determine o polinômio interpolador pela forma de Newton e calcule f(1,3).

x	−1	0	1	2
f(x)	1	1	0	−1

Solução:

Calculando $d_0 = f(x_0) = 1$.

Cálculo das diferenças divididas de **ordem 1**:

$$d_1 = f(x_0, x_1) = \frac{f(x_1) - f(x_0)}{x_1 - x_0} = \frac{1 - 1}{0 - (-1)} = \frac{0}{1} = 0$$

$$f(x_1, x_2) = \frac{f(x_2) - f(x_1)}{x_2 - x_1} = \frac{0 - 1}{1 - 0} = -\frac{1}{1} = -1$$

$$f(x_2, x_3) = \frac{f(x_3) - f(x_2)}{x_3 - x_2} = \frac{-1 - 0}{2 - 1} = -\frac{1}{1} = -1$$

Cálculo das diferenças divididas de **ordem 2**:

$$d_2 = f(x_0, x_1, x_2) = \frac{f(x_1, x_2) - f(x_0, x_1)}{x_2 - x_0} = \frac{-1 - 0}{1 - (-1)} = -\frac{1}{2}$$

$$f(x_1, x_2, x_3) = \frac{f(x_2, x_3) - f(x_1, x_2)}{x_3 - x_1} = \frac{-1 - (-1)}{2 - 0} = \frac{0}{2} = 0$$

Cálculo da diferença dividida de **ordem 3**:

$$d_3 = f(x_0, x_1, x_2, x_3) = \frac{f(x_1, x_2, x_3) - f(x_0, x_1, x_2)}{x_3 - x_0} = \frac{0 - \left(-\frac{1}{2}\right)}{2 - (-1)} = \frac{\frac{1}{2}}{3} = \frac{1}{6}$$

O polinômio interpolador é dado por:

$$p(x) = d_0 + d_1 \cdot (x - x_0 0 + d_2 \cdot (x - x_0) \cdot (x - x_1) + d_3(x - x_0)(x - x_1)(x - x_2)$$

$$p(x) = 1 + 0(x - (-1)) - \frac{1}{2}(x - (-1))(x - 0) + \frac{1}{6}(x - 0) \cdot (x - (-1))(x - 1)$$

$$p(x) = 1 - \frac{1}{2}(x + 1)x + \frac{1}{6}(x + 1)x(x - 1)$$

$$p(x) = \frac{1}{6}x^3 - \frac{1}{2}x^2 - \frac{2}{3}x + 1$$

Calculando:

$$f(1,3) = p(1,3) = \frac{1}{6}(1,3)^3 - \frac{1}{2}(1,3)^2 - \frac{2}{3} \cdot 1,3 + 1 = -0,3455$$

Exemplo 5.7

Utilizando a forma de Newton, determine o polinômio que interpola $f(x)$ nos pontos dados:

x	-1	0	2
f(x)	4	1	-1

Solução:

x	Ordem 0	Ordem 1	Ordem 2
-1	4	$\frac{1-4}{0-(-1)} = -3$	$\frac{-1-(-3)}{2-(-1)} = \frac{2}{3}$
0	1	$\frac{-1-1}{2-0} = -1$	
2	-1		

$$p(x) = 4 + (x - (-1)) \cdot (-3) + (x - (-1)) \cdot (x - 0) \cdot \frac{2}{3}$$

$$p(x) = \frac{2}{3}x^2 - \frac{7}{3}x + 1$$

Veja que a forma de Newton ou das diferenças divididas resultou no mesmo polinômio interpolador obtido anteriormente para os dados utilizados no Exemplo 5.2. Isso leva à conclusão de que a forma de Newton e a forma de Lagrange são procedimentos para determinar o polinômio interpolador sem a necessidade de resolução de sistemas de equações lineares.

5.1.3 Interpolação inversa

O problema da interpolação inversa consiste em: dado $\bar{y} \in (f(x_0),\ldots,f(x_n))$, obter $\bar{x}$ tal que $f(\bar{x}) = \bar{y}$. A maneira mais simples é obter um polinômio interpolador $p_n(x)$ para a função $f(x)$ e, na sequência, encontrar $\bar{x}$ tal que $p_n(\bar{x}) = \bar{y}$.

Exemplo 5.8

Dada a tabela a seguir, encontre $\bar{x}$ tal que $f(\bar{x}) = 2{,}07$.

x	1,2	1,4	1,6	1,8
f(x)	1,68	1,93	2,15	2,51

Solução:

O valor $y = 2{,}07$ está no intervalo $y = f(x) \in (1{,}93;\ 2{,}15)$. Usando interpolação linear, temos:

$$y - 1{,}93 = \frac{2{,}15 - 1{,}93}{1{,}6 - 1{,}4}(x - 1{,}4)$$

$$y - 1{,}93 = \frac{0{,}22}{0{,}2}(x - 1{,}4)$$

$$y = 1{,}93 + 1{,}1x - 1{,}54$$

$$y = 1{,}1x + 0{,}39$$

Invertendo a equação obtida:

$$x = \frac{y - 0{,}39}{1{,}1}$$

$$\bar{x} = \frac{2{,}07 - 0{,}39}{1{,}1} = \frac{1{,}68}{1{,}1} = 1{,}52727272\ldots$$

Nesse caso, não é possível avaliar o erro cometido, pois existem procedimentos para analisar o erro que ocorre na aproximação de *f(x)* por $p_n(x)$, e não em avaliações do valor de *x*. Situações com interpolação linear permitem inverter a equação obtida com facilidade, porém isso não funciona quando a função obtida for um polinômio de grau maior ou igual a 2.

Outra forma de realizar a interpolação inversa é considerar que, se *f(x)* for inversível em um intervalo contendo $\bar{y}$, então $x = f^{-1}(y) = g(y)$. A condição para uma função contínua ser inversível é que seja monótona crescente (ou decrescente) no intervalo considerado. Se a função apresentar-se na forma de tabela, *f(x)* será considerada monótona crescente se $f(x_0) < f(x_1) < \ldots < f(x_n)$, e monótona decrescente se $f(x_0) > f(x_1) > \ldots > f(x_n)$. Assim, basta considerar *x* sendo função de *y* e aplicar algum processo de interpolação para obter $x = f^{-1}(y) \cong p_n(y)$.

Exemplo 5.9
Dada a tabela de valores:

x	0	0,1	0,2	0,3	0,4
f(x)	0	0,1052	0,2214	0,3499	0,4918

Obtenha o valor de *x*, tal que y = 0,3200, usando **interpolação quadrática**.

Solução:

Utilizando a forma de Newton e construindo a tabela para diferenças divididas, começamos com:

Y	Ordem 0	Ordem 1	Ordem 2
0	0	0,950570	–0,406436
0,1052	0,1	0,860585	–0,336637
0,2214	**0,2**	**0,778210**	**–0,264800**
0,3499	0,3	0,706714	
0,4914	0,4		

O valor de y_0 é o valor imediatamente anterior ao valor de y = 0,3200 encontrado na tabela. Sendo a interpolação quadrática, devemos utilizar até os valores de ordem 2.

$$p_2(y) = g(y_0) + (y - y_0) \cdot g(y_0, y_1) + (y - y_0) \cdot (y - y_1) \cdot g(y_0, y_1, y_2)$$

$$p_2(y) = 0{,}2 + (y - 0{,}2214) \cdot 0{,}778210 + (y - 0{,}2214)(y - 0{,}3499) \cdot (-0{,}264800)$$

$$p_2(0{,}3200) = 0{,}2 + (0{,}3200 - 0{,}2214) \cdot 0{,}778210 +$$
$$+ (0{,}3200 - 0{,}2214)(0{,}3200 - 0{,}3499) \cdot (-0{,}264800)$$

$$p_2(0{,}3200) = 0{,}277956 = \bar{x}$$

O valor obtido é o resultado buscado para *x* por meio de interpolação inversa.

5.2 Extrapolação e regressão ou ajuste de curvas

Em engenharia, a extrapolação é usada com muita frequência, por exemplo, em análise de circuitos elétricos. Executam-se os testes necessários para entender o funcionamento nas condições ambientais de entrada e se mensura a saída. Com esses dados, é possível construir uma equação e extrapolar o funcionamento do circuito em condições extremas, impossíveis de simular em laboratório.

Podemos citar também as aplicações relacionadas à estatística, em que a extrapolação de funções é indispensável e tem uso em todos os ramos da engenharia na previsão de efeitos propagados ao longo do tempo ou em condições fora do controle do engenheiro. Como exemplo, podemos pensar a situação de planejamento para atender à necessidade de produção de determinada quantidade de peças em alguma indústria onde os dados conhecidos vêm das informações de produção (com erros inerentes na coleta de dados) ao longo de um tempo de avaliação.

A extrapolação é o procedimento empregado quando:

a) é preciso obter um valor aproximado da função em algum ponto **fora** do intervalo de tabelamento, ou seja, quando é necessário extrapolar; valores internos aos dados da tabela também podem ser avaliados, desde que a situação de análise atenda à próxima condição.

b) os valores tabelados provêm de algum experimento físico, de alguma pesquisa ou de algum censo, que contém erros inerentes não perceptíveis nem possíveis de correção.

A ideia é ajustar essa função tabelada a outra função que seja uma **boa aproximação** e que permita **extrapolar** com certa margem de segurança.

A escolha da função de ajuste ou de regressão ou extrapolação vem da consideração dos dados da tabela, que devem ser plotados em uma representação cartesiana, chamada de *diagrama de dispersão*. Observando o diagrama de dispersão, é possível visualizar como os pontos estão **dispersos** (ou um pouco **esparramados**) nas proximidades do gráfico da função a ser escolhida como função de ajuste. Vejamos os exemplos a seguir.

Exemplo 5.10

Considere a tabela a seguir:

x	−1,0	−0,8	−0,6	−0,5	−0,3	0	0,2	0,4	0,5	0,7	1,0
f(x)	2,05	1,15	0,45	0,4	0,5	0	0,2	0,6	0,5	1,2	2,05

De acordo com a tabela, chegamos ao diagrama de dispersão e à curva de ajuste:

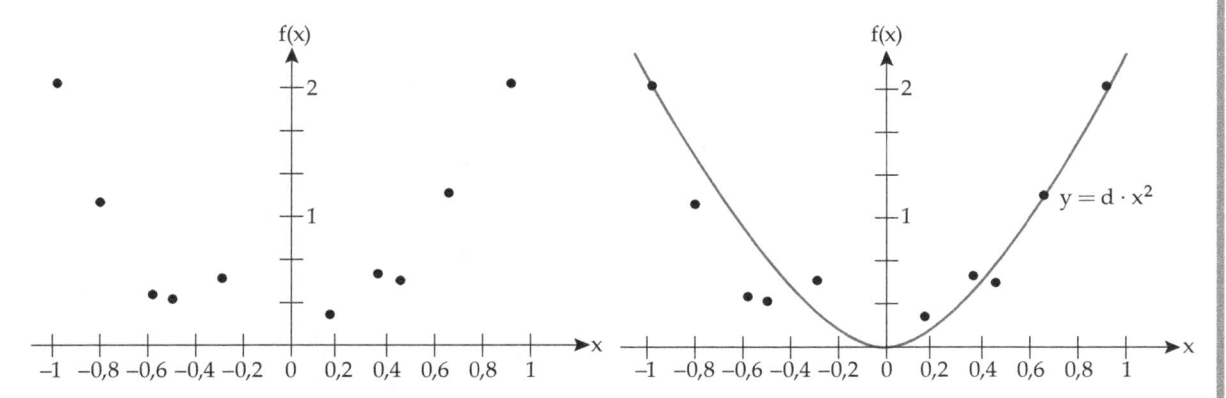

Observando o diagrama de dispersão, é natural escolher o traçado de uma parábola passando pela origem como a função de ajuste para os dados da tabela. A equação de ajuste é dada por: $\varphi(x) = \alpha \cdot x^2$.

Exemplo 5.11

Considerando os dados da tabela a seguir, qual função devemos escolher para o ajuste dos dados a uma equação?

x	−1,0	−0,7	−0,4	−0,1	0,2	0,5	0,8	1,0
f(x)	36,5	17,3	8,1	3,8	1,8	0,8	0,4	0,2

Solução:

Construindo o diagrama de dispersão e traçando a curva de ajuste, temos:

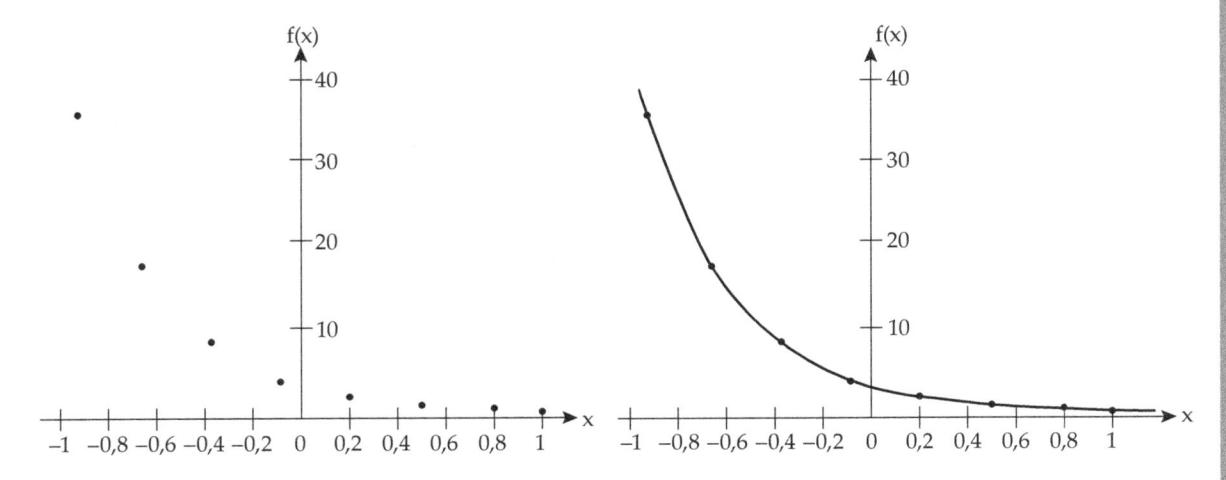

Analisando a dispersão dos pontos, é escolhida uma função exponencial (sempre positiva) e decrescente, cuja equação é escrita como $\varphi(x) = \alpha_1 \cdot e^{-\alpha_2 x}$.

O problema de ajuste de curvas tem a seguinte definição: dada uma função $f(x)$ contínua em um intervalo $[a; b]$ com dados representados em uma tabela e escolhidas as funções $g_1(x), g_2(x),..., g_n(x)$, todas contínuas em $[a; b]$, determinar n constantes $a_1, a_2,..., a_n$ de modo que $\varphi(x) = \alpha_1 \cdot g_1(x) + \alpha_2 \cdot g_2(x) + ... + \alpha_n \cdot g_n(x)$ se aproxime ao máximo de $f(x)$ no intervalo $[a; b]$.

A questão da proximidade pode ser avaliada em valores numéricos por meio do **desvio**, que é a diferença entre o valor da função $f(x)$ e o valor da aproximação $\varphi(x)$ para todo ponto da tabela de valores. Os resultados para os desvios podem ser positivos ou negativos, e poderíamos pensar que cálculos feitos de forma majorada seriam compensados por valores calculados a menor. Essa ideia somente é válida para desvios pequenos em alguma aproximação de ajuste de curva. É compreensível que pontos muito distantes do traçado da curva de ajuste tivessem os desvios compensados por outros pontos, porém, nesse caso, não seria uma curva de boa aproximação.

O traçado da curva de ajuste deve passar suficientemente próximo de **todos os pontos do diagrama de dispersão**. Para garantir essa condição, calcula-se o **resíduo**, que é a soma dos quadrados dos desvios de todos os pontos, sendo este um valor sempre positivo. Quanto menor for o valor do resíduo, melhor será a aproximação, ou seja, melhor será o ajuste dos dados a uma curva. Esse procedimento define o **método dos mínimos quadrados**. Assim, o resíduo é dado por:

$$R = \sum_{i=1}^{n} |f(x_i) - \varphi(x_i)|^2$$

Para calcular o resíduo e avaliar se uma função $\varphi(x)$ é um bom ajuste, é necessário conhecer a equação dessa função de ajuste. Muitas vezes, opta-se por funções simples (polinomiais, senoides, cossenoides e exponenciais), que são funções contínuas nos reais.

Uma mesma tabela de valores pode ser ajustada a diferentes funções, e a comparação entre essas diferentes possibilidades, por meio da análise residual, indicará a melhor escolha a ser realizada.

5.2.1 Ajuste polinomial e outros

Considere a seguinte forma polinomial:

$$p_n(x) = a_0 + a_1 \cdot x + a_2 \cdot x^2 + ... + a_{n-1} \cdot x^{n-1} + a_n \cdot x^n = y$$

Determinam-se os coeficientes de cada termo do polinômio de grau n pela resolução do sistema de equações lineares nos coeficientes. Esse sistema pode ser denotado na forma matricial:

$$\begin{bmatrix} m & \sum x_i & \cdots & \sum x_i^n \\ \sum x_i & \sum x_i^2 & \cdots & \sum x_i^{n+1} \\ \cdots & \cdots & \cdots & \cdots \\ \sum x_i^n & \sum x_i^{n+1} & \cdots & \sum x_i^{2n} \end{bmatrix} \cdot \begin{bmatrix} a_0 \\ a_1 \\ \cdots \\ a_n \end{bmatrix} = \begin{bmatrix} \sum y_i \\ \sum x_i \cdot y_i \\ \cdots \\ \sum x_i^n \cdot y_i \end{bmatrix}$$

Essa formulação geral pode ser empregada para diversas funções, em polinômios de qualquer grau.

Exemplo 5.12

Considerando a tabela de dados a seguir, verifique qual das curvas melhor se ajusta aos valores.

a) Equação do primeiro grau: regressão linear.
b) Equação de segundo grau (quadrática).
c) Equação do terceiro grau (cúbica).

x	0	1	2	3	4	5
f(x)	0	0,7	3,2	5,3	7,8	9,3

Solução:

a) Regressão linear: $\varphi(x) = ax + b = a_0 + a_1 \cdot x$

$$\begin{bmatrix} m & \sum x_i \\ \sum x_i & \sum x_i^2 \end{bmatrix} \cdot \begin{bmatrix} a_0 \\ a_1 \end{bmatrix} = \begin{bmatrix} \sum y_i \\ \sum x_i \cdot y_i \end{bmatrix}$$

Calculando:

$m = 6$ número de pontos da tabela.

$\sum x_i = 0 + 1 + 2 + 3 + 4 + 5 = 15$

$\sum x_i^2 = 0^2 + 1^2 + 2^2 + 3^2 + 4^2 + 5^2 = 55$

$\sum y_i = 0 + 0,7 + 3,2 + 5,3 + 7,8 + 9,3 = 26,3$

$\sum x_i \cdot y_i = 0 \cdot 0 + 1 \cdot 0,7 + 2 \cdot 3,2 + 3 \cdot 5,3 + 4 \cdot 7,8 + 5 \cdot 9,3 = 100,7$

Substituindo:

$$\begin{bmatrix} 6 & 15 \\ 15 & 55 \end{bmatrix} \cdot \begin{bmatrix} a_0 \\ a_1 \end{bmatrix} = \begin{bmatrix} 26,3 \\ 100,7 \end{bmatrix}$$

Com solução: $a_1 = 1,9971$ e $a_0 = -0,60952$.

$y = -0,60952 + 1,9971x = \varphi(x)$

Construindo uma tabela de valores para as duas funções nos pontos, temos como resultado:

x	0	1	2	3	4	5
f(x)	0	0,7	3,2	5,3	7,8	9,3
$\varphi_1(x)$	−0,60952	1,38758	3,38468	5,38178	7,37888	9,37598

Calculando o resíduo:

$$R_1 = \sum_{i=1}^{n} |f(x_i) - \varphi_1(x_i)|^2$$

$$R_1 = |0-(-0,60952)|^2 + |0,7-1,38758|^2 + |3,2-3,38468|^2 + |5,3-5,38178|^2 +$$

$$+ |7,8-7,3788|^2 + |9,3-9,37598|^2$$

$$R_1 = 1,069033811$$

b) Regressão para $\varphi(x) = a_0 + a_1 \cdot x + a_2 \cdot x^2$

$$\begin{bmatrix} m & \sum x_i & \sum x_i^2 \\ \sum x_i & \sum x_i^2 & \sum x_i^3 \\ \sum x_i^2 & \sum x_i^3 & \sum x_i^4 \end{bmatrix} \cdot \begin{bmatrix} a_0 \\ a_1 \\ a_2 \end{bmatrix} = \begin{bmatrix} \sum y_i \\ \sum x_i \cdot y_i \\ \sum x_i^2 \cdot y_i \end{bmatrix}$$

Utilizando os valores já conhecidos e calculando os ainda faltantes:

$$\sum x_i^3 = 0^3 + 1^3 + \ldots + 5^3 = 225$$

$$\sum x_i^4 = 0^4 + 1^4 + \ldots + 5^4 = 979$$

$$\sum x_i^2 \cdot y_i = 0^2 \cdot 0 + 1^2 \cdot 3,2 + \ldots + 5^2 \cdot 9,3 = 418,5$$

Substituindo na forma matricial:

$$\begin{bmatrix} 6 & 15 & 55 \\ 15 & 55 & 225 \\ 55 & 225 & 979 \end{bmatrix} \cdot \begin{bmatrix} a_0 \\ a_1 \\ a_2 \end{bmatrix} = \begin{bmatrix} 26,3 \\ 100,7 \\ 418,5 \end{bmatrix}$$

O resultado para as incógnitas é $a_0 = -0,3714$, $a_1 = 1,64$ e $a_2 = 0,07$, e, para a função de regressão ou de ajuste:

$$\varphi_2(x) = -0,3714 + 1,64x + 0,07x^2$$

Utilizando essa equação, podemos construir a tabela com os valores em cada ponto.

x	0	1	2	3	4	5
f(x)	0	0,7	3,2	5,3	7,8	9,3
$\varphi_2(x)$	−0,3714	1,3386	3,1886	5,1786	7,3086	9,5786

Calculando o resíduo:

$$R_2 = \sum_{i=1}^{n} |f(x_i) - \varphi_2(x_i)|^2$$

$$R_2 = |0 + 0,3714|^2 + |0,7 - 1,3386|^2 + |3,2 - 3,1886|^2 + |5,3 - 5,1786|^2 +$$

$$+ |7,8 - 7,3086|^2 + |9,3 - 9,5786|^2$$

$$R_2 = 0,87970776$$

c) Regressão para $\varphi(x) = a_0 + a_1 \cdot x + a_2 \cdot x^2 + a_3 \cdot x^3$

$$\begin{bmatrix} m & \sum x_i & \sum x_i^2 & \sum x_i^3 \\ \sum x_i & \sum x_i^2 & \sum x_i^3 & \sum x_i^4 \\ \sum x_i^2 & \sum x_i^3 & \sum x_i^4 & \sum x_i^5 \\ \sum x_i^3 & \sum x_i^4 & \sum x_i^5 & \sum x_i^6 \end{bmatrix} \cdot \begin{bmatrix} a_0 \\ a_1 \\ a_2 \\ a_3 \end{bmatrix} = \begin{bmatrix} \sum y_i \\ \sum x_i \cdot y_i \\ \sum x_i^2 \cdot y_i \\ \sum x_i^3 \cdot y_i \end{bmatrix}$$

Utilizando os valores já conhecidos e calculando os ainda faltantes:

$$\sum x_i^5 = 0^5 + 1^5 + \ldots + 5^5 = 4425$$

$$\sum x_i^6 = 0^6 + 1^6 + \ldots + 5^6 = 20515$$

$$\sum x_i^3 \cdot y_i = 0^3 \cdot 0 + 1^3 \cdot 3,2 + \ldots + 5^3 \cdot 9,3 = 1831,1$$

Substituindo na forma matricial:

$$\begin{bmatrix} 6 & 15 & 55 & 255 \\ 15 & 55 & 255 & 979 \\ 55 & 255 & 979 & 4425 \\ 255 & 979 & 4425 & 20515 \end{bmatrix} \cdot \begin{bmatrix} a_0 \\ a_1 \\ a_2 \\ a_3 \end{bmatrix} = \begin{bmatrix} 26,3 \\ 100,7 \\ 418,5 \\ 1831,1 \end{bmatrix}$$

Resultando: $a_0 = -0,05$, $a_1 = 0,17$, $a_2 = 0,88$ e $a_3 = -0,11$.

Para a função de regressão ou de ajuste:

$$\varphi_3(x) = -0{,}05 + 0{,}17x + 0{,}88x^2 - 0{,}11x^3$$

Utilizando essa equação, podemos construir a tabela com os valores em cada ponto.

x	0	1	2	3	4	5
f(x)	0	0,7	3,2	5,3	7,8	9,3
φ_3(x)	−0,05	0,89	2,93	5,41	7,67	9,05

Calculando o resíduo:

$$R_3 = \sum_{i=1}^{n} |f(x_i) - \varphi_3(x_i)|^2$$

$$R_3 = |0 + 0{,}05|^2 + |0{,}7 - 0{,}89|^2 + |3{,}2 - 2{,}93|^2 + |5{,}3 - 5{,}41|^2 +$$

$$+ |7{,}8 - 7{,}67|^2 + |9{,}3 - 9{,}05|^2$$

$$R_3 = 0{,}203$$

Comparando as três equações de ajustes por meio dos resíduos, temos:

Equação de ajuste	Resíduo
$\varphi_1(x) = 1{,}9971x - 0{,}60952$	$R_1 = 1{,}069033811$
$\varphi_2(x) = -0{,}3714 + 1{,}64x + 0{,}07x^2$	$R_2 = 0{,}87970776$
$\varphi_3(x) = -0{,}05 + 0{,}17x + 0{,}88x^2 - 0{,}11x^3$	$R_3 = 0{,}203$

Observe que o resíduo da terceira equação foi menor que o das demais equações utilizadas. Nesse caso, o polinômio dado por $\varphi_3(x) = -0{,}05 + 0{,}17x + 0{,}88x^2 - 0{,}11x^3$ é a melhor equação de ajuste, por ter apresentado o menor resíduo, e a escolhida para estimar valores **dentro** e **fora** da tabela de valores.

5.2.2 Caso não linear

No Exemplo 5.11, houve uma situação em que a equação de ajuste para os dados tabelados foi uma exponencial $\varphi(x) = y = \alpha_1 \cdot e^{-\alpha_2 \cdot x}$. Para resolver problemas dessa natureza, fazemos uma linearização pelo emprego de logaritmos, buscando transformar convenientemente a equação de ajuste.

$$y = \alpha_1 \cdot e^{-\alpha_2 \cdot x}$$

Aplicando o logaritmo neperiano e as propriedades dos logaritmos, o resultado será:

$$\ln(y) = \ln(\alpha_1 \cdot e^{-\alpha_2 \cdot x}) = \ln(\alpha_1) + \ln(e^{-\alpha_2 \cdot x}) = \ln(\alpha_1) - \alpha_2 \cdot x$$

Fazendo $z = \ln(y)$, $a = \ln(\alpha_1)$ e $b = -\alpha_2$, resulta $z = a + bx$, que é a equação linear. Essa mudança de variáveis tornou o processo exponencial possível de ser analisado por uma equação de primeiro grau (linear).

Aos valores de y, devemos aplicar o logaritmo, cujos resultados se apresentam na terceira linha da tabela a seguir.

x	−1,0	−0,7	−0,4	−0,1	0,2	0,5	0,8	1,0
y	36,5	17,3	8,1	3,8	1,8	0,8	0,4	0,2
z	3,597312	2,850707	2,091864	1,335001	0,587787	−0,223144	−0,916290	−1,609438

Calculando:

$$m = 8; \quad \sum x_i = 0,3; \quad \sum (x_i)^2 = 3,59; \quad \sum z_i = 7,713799; \quad \sum x_i z_i = -8,390099.$$

Sistema linear:

$$\begin{bmatrix} 8 & 0,3 \\ 0,3 & 3,59 \end{bmatrix} \cdot \begin{bmatrix} a \\ b \end{bmatrix} = \begin{bmatrix} 7,713799 \\ -8,390099 \end{bmatrix}$$

Com solução: $a = 1,055172$ e $b = -2,425251$.

Sendo:

$a = \ln(\alpha_1)$, então, $\alpha_1 = e^a = e^{1,055172} = 2,872469$.

$b = -\alpha_2$, então, $\alpha_2 = 2,425251$.

A função de ajuste é: $\varphi(x) = 2,872469 \, e^{-2,425251 \cdot x}$

Exemplo 5.13

Em uma indústria, foi avaliada a produção de um item de demanda dos clientes que é produzido em um torno mecânico. A tabela a seguir relaciona os dados obtidos nos últimos 24 meses. Faça uma estimativa da produção por mais dois anos. Estime quando haverá necessidade de substituição do torno para atender satisfatoriamente a clientela, considerando que a demanda diária seja de 2 150 unidades do item.

Tempo (meses)	1	5	12	18	24
Produção diária	5 000	4 580	4 130	3 700	3 210

Solução:

Traçando o diagrama de dispersão, podemos visualizar uma reta (equação linear) como função de ajuste aos dados.

y = a + bt

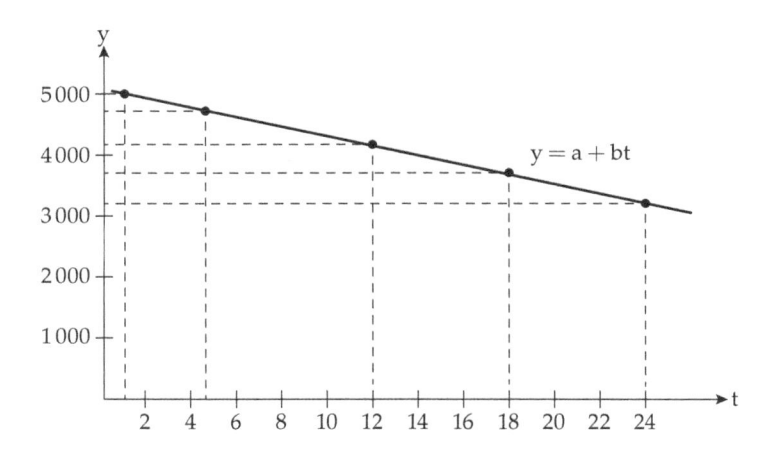

Calculando: $m = 5$; $\sum t_i = 60$; $\sum (t_i)^2 = 1\,070$; $\sum y_i = 20\,620$ e $\sum t_i \cdot z_i = 221\,100$;

Sistema linear:

$$\begin{bmatrix} 5 & 60 \\ 60 & 1070 \end{bmatrix} \cdot \begin{bmatrix} a \\ b \end{bmatrix} = \begin{bmatrix} 20620 \\ 221100 \end{bmatrix}$$

Com solução: a = 5 027,085 e b = −75,257, resultando em y = 5 027,085 − 75,257t.

Produção para os próximos dois anos:

Tempo (meses)	30	36	42	48
Produção	2 769	2 318	1 866	1 415

Observação: Utilizamos valores com arredondamentos para inteiros.

Atendimento em 2 150 unidades do item em: 2 150 = 5 027,085 − 75,257t.

$$t = \frac{5027{,}085 - 2150}{75{,}257} \cong 38{,}23 \text{ meses}$$

Pelos dados da tabela inicial, já se passaram 24 meses, então, nos 14 meses e 7 dias vindouros, não será possível atender à demanda da clientela, quando o torno deverá ser substituído.

> ## Síntese
> Neste capítulo, apresentamos várias técnicas para a interpolação e a extrapolação (ou ajuste de curvas). Esses procedimentos são de emprego frequente em problemas cotidianos. É importante lembrar que a interpolação requer dados de procedência confiável e somente avalia valores internos ao intervalo da tabela. A extrapolação, ou ajustes de curvas, é uma técnica que pode ser empregada com dados que contenham erros inerentes para estimar valores internos e além da tabela de dados.
>
> Devemos observar, no entanto, que, tanto as técnicas de interpolação quanto as de extrapolação devem ser utilizadas como ferramentas em casos específicos, tendo em vista que implicam cálculos aproximados dos valores desejados.

Atividades de autoavaliação

1) Qual das afirmações a seguir é **falsa** em relação aos processos de interpolação?
   a. Podem ser aplicados a qualquer tabela de valores numéricos.
   b. Somente são aplicáveis a dados confiáveis.
   c. A interpolação linear é a mais simples de calcular.
   d. Nos nós de interpolação, os valores da função interpoladora coincidem com os valores tabelados.

2) Qual das afirmações a seguir é **falsa** em relação ao ajuste de curvas?
   a. O menor desvio obtido pelo método de mínimos quadrados indicará a melhor função de ajuste.
   b. O menor resíduo obtido pelo método de mínimos quadrados indicará a pior função de ajuste.
   c. O menor resíduo obtido pelo método de mínimos quadrados indicará a melhor função de ajuste.
   d. O método de mínimos quadrados somente é válido se a função de ajuste for linear.

3) O polinômio interpolador para um conjunto de pontos em uma tabela numérica pode ser obtido por diferentes procedimentos, com **exceção** de:
   a. Forma de Lagrange.
   b. Linearização de funções.
   c. Forma de Newton.
   d. Sela.

4) Considere uma tabela numérica com cinco pontos (x, y). O que é possível dizer sobre o grau do polinômio interpolador?
   a. Poderá ser um polinômio do quinto grau.
   b. Poderá ser um polinômio de até quarto grau.
   c. O grau do polinômio deve ser maior que a quantidade de pontos.
   d. A interpolação somente pode ser realizada com quantidade par de pontos.

5) Considere as afirmações a seguir.
   I. As técnicas de interpolação e extrapolação são aplicadas aos dados de tabelas numéricas quando não se conhece a equação geradora desses dados.
   II. Os ajustes de curvas são aplicáveis a dados que podem conter erros inerentes.
   III. A extrapolação permite avaliar somente quantidades fora da tabela de valores numéricos.

   Assinale a alternativa correta:
   a. Todas as afirmações são verdadeiras.
   b. Apenas as afirmações I e III são verdadeiras.
   c. Apenas as afirmações II e III são verdadeiras.
   d. Apenas as afirmações I e II são verdadeiras.

Atividades de aprendizagem

Questões para reflexão

1) Quais fatores devem ser considerados para escolher entre a interpolação e o ajuste de curva em uma tabela de valores numéricos?

2) Cite algumas aplicações das técnicas de interpolação e de ajuste de curvas com extrapolação.

Atividades aplicadas: prática

1) Considere a tabela de valores a seguir. Utilizando interpolação linear, determine o valor de f(x) quando x = 13.

x	10	15	17	20
f(x)	3	7	11	17

2) Considerando a tabela da questão 1, qual é o valor de x obtido quando y = 6 utilizando interpolação linear?

3) Determine o polinômio interpolador para os dados da tabela a seguir:

x	0	1	2	3
f(x)	−0,5	0	0,2	1

4) Utilizando o polinômio obtido na terceira questão, qual é o valor de y quando x = 1,4?

5) Utilize os dados da primeira questão para escrever um polinômio interpolador por Lagrange e avaliar x quando y = 10.

6) Considere os dados da tabela a seguir. Faça um ajuste para um polinômio de segundo grau. Que valor se obtém quando x = 2,3 e quando x = 5?

x	0	1	2	3	4
y	3,8	5,2	3,9	1,1	–4,1

6
Resolução de equações diferenciais ordinárias

Equações diferenciais aparecem com frequência em modelos matemáticos que descrevem fenômenos de diversas áreas – como mecânica de fluidos, circuitos elétricos, fluxos de calor, vibrações, reações químicas e nucleares, biologia, economia, propagação de doenças, entre outras. Neste capítulo, mostraremos como as palavras *diferenciais* e *equações* sugerem a resolução de alguma equação envolvendo derivadas. Também indicaremos que as soluções de equações diferenciais podem ser obtidas de duas maneiras diferentes: solução analítica e solução numérica.

As soluções analíticas se restringem a um pequeno grupo de equações diferenciais, o que torna seu emprego bastante limitado.

As soluções numéricas surgem como recurso mais abrangente para a resolução de problemas.

6.1 Equações diferenciais

A **resolução analítica** de uma equação diferencial apresenta como solução uma **função**, que é obtida mediante a escolha de algum modelo previamente estabelecido para alguns tipos de equações diferenciais. A escolha do modelo de solução a ser utilizado depende de classificação em relação ao tipo, à ordem e à linearidade.

Veremos a seguir cada um desses tipos de classificação relacionada às equações diferenciais.

1. Tipo
- **Ordinárias**: Quando se apresentarem derivadas de funções de somente uma variável independente x. Exemplos:

$$\frac{dy}{dx} = x - y \quad e \quad y'' + 3xy' = x^2 + 2$$

- **Parciais**: Quando se apresentarem derivadas de funções de várias variáveis. Exemplos:

$$\frac{\partial^2 w}{\partial x^2} + \frac{\partial^2 w}{\partial y^2} + \frac{\partial^2 w}{\partial z^2} = a\frac{\partial w}{\partial t} \quad e \quad W_{xx} + W_{yy} = 0$$

2. Ordem
- A ordem de uma equação diferencial é a mesma ordem da mais alta derivada presente na equação diferencial. Exemplos:

$$\frac{dy}{dx} = x - y \quad \text{(Equação diferencial ordinária de primeira ordem)}$$

$$y'' + 3xy' = x^2 \quad \text{(Equação diferencial ordinária de segunda ordem)}$$

$$\frac{\partial^2 w}{\partial x^2} + \frac{\partial^2 w}{\partial y^2} + \frac{\partial^2 w}{\partial z^2} = a\frac{\partial w}{\partial t} \quad \text{(Equação diferencial parcial de segunda ordem)}$$

3. Linearidade
- **Linear**: Quando a função y e suas derivadas y', y'', ... são escritas linearmente (expoente 1). Exemplos:

$$y'' + 2y' + 4y = 0 \quad e \quad y' = 3xy$$

- **Não linear**: Quando a função y e/ou suas derivadas não estiverem elevadas somente à potência unitária. Exemplos:

$$y'' + (1 - y^2)y' + y = 0 \quad e \quad u'' + e^{-u} = 3x + 4$$

Nosso estudo de equações diferenciais envolverá aquelas que são classificadas como equações diferenciais ordinárias, indicada pela sigla **EDO**.

Uma solução de uma equação diferencial ordinária é uma função da variável independente $y = f(x)$ que satisfaça à equação.

Vejamos no exemplo:

$$y' = y \quad ou \quad y' = y = 0$$

Toda função na forma $y = a \cdot e^x$ satisfaz à equação diferencial, em que $a \in \mathbb{R}$.

Dessa forma, haverá uma **família de soluções**, e não apenas uma solução, para a equação diferencial. Para escolher uma **única solução** da família de soluções, é necessário impor condições. Essas condições suplementares são denominadas *condições adicionais* e podem ser de três espécies.

1. **Primeira espécie ou de Dirichlet**[1] – Quando o valor do funcional é prescrito para determinado valor da variável independente.
   Exemplo: $y(0) = 3$ ou quando $x = 0 \rightarrow y = f(x) = 3$

---
[1] Em homenagem ao matemático alemão Johann Peter Gustav Lejeune Dirichlet (1805-1859).

2. **Segunda espécie ou de Neumann**[2] – Quando o valor da derivada é prescrito para determinado valor da variável independente. A condição está associada à ideia de fluxo.
   Exemplo: y'(0) = 5 ou quando $x = 0 \to y' = 5$

3. **Terceira espécie, mista ou Robin**[3] – Quando ocorre uma combinação linear das duas primeiras espécies.
   Exemplo: y(2) + 3y'(4) = 8

Em geral, uma equação diferencial ordinária de ordem m requer m condições adicionais para ter uma única solução.

Se, dada uma equação diferencial de ordem m, a função e suas derivadas até a ordem m – 1 forem especificadas **em um mesmo ponto**, teremos um problema de valor inicial, ou *PVI*. Os PVIs apresentam unicidade de solução.

Vejamos exemplos de PVI:

$$\begin{cases} y' - y = 0 \\ y(0) = 1 \end{cases}$$

$$\begin{cases} y'' + 5y' + 6y = 0 \\ \quad y'(1) = 4 \\ \quad y(1) = 3 \end{cases}$$

Se, dada uma equação diferencial de ordem m, a função e suas derivadas até a ordem m – 1 **não forem dadas no mesmo ponto**, teremos um problema de valor de contorno, ou PVC.

Vejamos um exemplo de PVC.

$$\begin{cases} x^2 \cdot y'' - 2x \cdot y' + 2 \cdot y = 6 \\ \quad y(1) = 0 \\ \quad y'(0) = 3 \end{cases}$$

Os problemas de valor de contorno nem sempre apresentam uma única solução.

A dificuldade de encontrar analiticamente as soluções para PVI é a mais forte razão para o emprego dos métodos numéricos na resolução desse tipo de problema.

A resolução numérica envolve a solução de PVI ou de PVC. A solução obtida por esses procedimentos resulta em valores numéricos em pontos escolhidos. Em muitos casos, a teoria com equações diferenciais garante a existência e a unicidade da solução, sem o conhecimento da expressão analítica dessa solução.

---

2 Em homenagem ao matemático alemão Carl Gottfried Neumann (1832-1925).
3 Em homenagem ao matemático francês Victor Gustave Robin (1855-1897).

Os métodos se baseiam em algumas definições. Vamos ver alguns exemplos a seguir.

Dado um PVI: $\begin{cases} y' = f(x,y) \\ y(x_0) = y_0 \end{cases}$, construir $x_1, x_2, ..., x_n$ com um espaçamento entre esses valores e calcular aproximações $y_k \cong y(x_k)$ nesses pontos usando informações conhecidas anteriormente.

Se, para calcular y_k, usarmos apenas y_{k-1}, teremos um **método de passo simples** ou **passo um**. Se usarmos mais valores, teremos um **método de passo múltiplo**.

Os métodos de passo simples são classificados como *iniciantes*. Em geral, precisamos calcular o valor de f(x, y) e suas derivadas em muitos pontos e não é possível determinar o erro cometido com facilidade.

6.2 Métodos numéricos de solução de equações diferenciais
Apresentaremos na sequência os tipos de métodos de solução de equações diferenciais.

6.2.1 Método de Euler
É o mais antigo e o mais simples dos métodos para a resolução de PVI. Foi desenvolvido por Euler (1707-1783) por volta de 1768. É denominado também *método da reta tangente*. Apesar da simplicidade para obter boas aproximações, é necessário um número grande de ciclos de cálculo ou iterações.

Considerando o PVI dado por:

$$\begin{cases} y' = f(x, y) \\ y(x_0) = y_0 \end{cases}$$

Considerando ainda a equação da **reta tangente** em um ponto $P(x_0; y_0)$, que pode ser escrita como:

$$y - y_0 = m(x - x_0)$$

Em que $m = \dfrac{dy}{dx} = y' = f(x, y)$ resulta em:

$$y - y_0 = f(x, y)(x - x_0)$$

ou

$$y = y_0 + (x - x_0) \cdot f(x, y)$$

Supondo que existam n intervalos de passo h (não necessariamente iguais), sendo $h = x_{k+1} - x_k$, com k = 1, 2,..., n, cada novo valor do funcional y é obtido mediante a expressão:

$$y_{k+1} = y_k + h \cdot f(x, y)$$

A solução numérica fornecida pelo método de Euler é a poligonal com vértices $(x_0; y_0); (x_1; y_1),...,(x_{n+1}; y_{n+1})$.

Quanto menor for o passo, melhor será a aproximação para $y(x_n)$.

Exemplo 6.1

Considerando o PVI $\begin{cases} y' = 2x + 3 \\ y(1) = 1 \end{cases}$, calcule $y(1,5)$.

Dados:

a) $h = 0,1$
b) $h = 0,05$

Solução:

a) Com $h = 0,1$:

$y_{K+1} = y_K + h \cdot f(x, y)$

$y_1 = y_0 + h \cdot (2x_0 + 3) = 1 + 0,1(2 \cdot 1 + 3) = 1,5$, com $x_1 = 1,1$

$y_2 = y_1 + h \cdot (2x_1 + 3) = 1,5 + 0,1(2 \cdot 1,1 + 3) = 2,02$, com $x_2 = 1,2$

$y_3 = y_2 + h \cdot (2x_2 + 3) = 2,02 + 0,1(2 \cdot 1,2 + 3) = 2,56$, com $x_3 = 1,3$

$y_4 = y_3 + h \cdot (2x_3 + 3) = 2,56 + 0,1(2 \cdot 1,3 + 3) = 3,12$, com $x_4 = 1,4$

$y_5 = y_4 + h \cdot (2x_4 + 3) = 3,12 + 0,1(2 \cdot 1,4 + 3) = 3,70$, com $x_5 = 1,5$

Então, $y = 3,70$ quando $x = 1,5$.

b) Com $h = 0,05$:

$y_{K+1} = y_K + h \cdot f(x, y)$

$y_1 = y_o + h \cdot (2x_o + 3) = 1 + 0,05(2 \cdot 1 + 3) = 1,25$, com $x_1 = 1,05$

$y_2 = y_1 + h \cdot (2x_1 + 3) = 1,25 + 0,05(2 \cdot 1,05 + 3) = 1,505$, com $x_2 = 1,1$

$y_3 = y_2 + h \cdot (2x_2 + 3) = 1,505 + 0,05(2 \cdot 1,1 + 3) = 1,765$, com $x_3 = 1,15$

$y_4 = y_3 + h \cdot (2x_3 + 3) = 1,765 + 0,05(2 \cdot 1,15 + 3) = 2,03$, com $x_4 = 1,2$

$y_5 = y_4 + h \cdot (2x_4 + 3) = 2,03 + 0,05(2 \cdot 1,2 + 3) = 2,3$, com $x_5 = 1,25$

$y_6 = y_5 + h \cdot (2x_5 + 3) = 2,3 + 0,05(2 \cdot 1,25 + 3) = 2,575$, com $x_6 = 1,3$

$y_7 = y_6 + h \cdot (2x_6 + 3) = 2,575 + 0,05(2 \cdot 1,3 + 3) = 2,855$, com $x_7 = 1,35$

$$y_8 = y_7 + h \cdot (2x_7 + 3) = 2{,}855 + 0{,}05(2 \cdot 1{,}35 + 3) = 3{,}14, \text{ com } x_8 = 1{,}4$$

$$y_9 = y_8 + h \cdot (2x_8 + 3) = 3{,}14 + 0{,}05(2 \cdot 1{,}4 + 3) = 3{,}43, \text{ com } x_9 = 1{,}45$$

$$y_{10} = y_9 + h \cdot (2x_9 + 3) = 3{,}43 + 0{,}05(2 \cdot 1{,}45 + 3) = 3{,}725, \text{ com } x_{10} = 1{,}5$$

Então, y = 3,725 quando x = 1,5.

Exemplo 6.2

Considerando o PVI $\begin{cases} x \cdot y' = x - y \\ y(2) = 2 \end{cases}$, calcule y(2,5).

Dados:
a) h = 0,25
b) h = 0,1
c) h = 0,05

Solução:

$$x \cdot y' = x - y \rightarrow y' = \frac{x-y}{x} = 1 - \frac{y}{x} = f(x, y)$$

$$y_{K+1} = y_K + h \cdot f(x, y)$$

$$y_{K+1} = y_K + h \cdot \left(1 - \frac{y_K}{x_K}\right) = h + y_K - h \cdot \frac{y_K}{x_K} = h + y_K \cdot \left(1 - \frac{h}{x_K}\right)$$

a) Com h = 0,25:

$$y_1 = h + y_0 \cdot \left(1 - \frac{h}{x_0}\right) = 0{,}25 + 2\left(1 - \frac{0{,}25}{2}\right) = 2, \text{ com } x_1 = 2{,}25$$

$$y_2 = h + y_1 \cdot \left(1 - \frac{h}{x_1}\right) = 0{,}25 + 2\left(1 - \frac{0{,}25}{2{,}25}\right) = 2{,}0277778, \text{ com } x_2 = 2{,}5$$

Então, y = 2,0277778 quando x = 2,5.

b) Com h = 0,1:

$$y_1 = h + y_0 \cdot \left(1 - \frac{h}{x_0}\right) = 0{,}1 + 2\left(1 - \frac{0{,}1}{2}\right) = 2, \text{ com } x_1 = 2{,}1$$

$$y_2 = h + y_1 \cdot \left(1 - \frac{h}{x_1}\right) = 0{,}1 + 2\left(1 - \frac{0{,}1}{2{,}1}\right) = 2{,}004762, \text{ com } x_2 = 2{,}2$$

$$y_3 = h + y_2 \cdot \left(1 - \frac{h}{x_2}\right) = 0,1 + 2,004762\left(1 - \frac{0,1}{2,2}\right) = 2,013636, \text{ com } x_3 = 2,3$$

$$y_4 = h + y_3 \cdot \left(1 - \frac{h}{x_3}\right) = 0,1 + 2,013636\left(1 - \frac{0,1}{2,3}\right) = 2,026087, \text{ com } x_4 = 2,4$$

$$y_5 = h + y_4 \cdot \left(1 - \frac{h}{x_4}\right) = 0,1 + 2,026087\left(1 - \frac{0,1}{2,5}\right) = 2,045044, \text{ com } x_5 = 2,5$$

Então, y = 2,045044 quando x = 2,5.

c) Com h = 0,05:

$$y_1 = h + y_0 \cdot \left(1 - \frac{h}{x_0}\right) = 0,05 + 2\left(1 - \frac{0,05}{2}\right) = 2, \text{ com } x_1 = 2,05$$

$$y_2 = h + y_1 \cdot \left(1 - \frac{h}{x_1}\right) = 0,05 + 2\left(1 - \frac{0,05}{2,05}\right) = 2,001220, \text{ com } x_2 = 2,10$$

$$y_3 = h + y_2 \cdot \left(1 - \frac{h}{x_2}\right) = 0,05 + 2,001220\left(1 - \frac{0,05}{2,10}\right) = 2,003572, \text{ com } x_3 = 2,15$$

$$y_4 = h + y_3 \cdot \left(1 - \frac{h}{x_3}\right) = 0,05 + 2,003572\left(1 - \frac{0,05}{2,15}\right) = 2,006977, \text{ com } x_4 = 2,20$$

$$y_5 = h + y_4 \cdot \left(1 - \frac{h}{x_4}\right) = 0,05 + 2,006977\left(1 - \frac{0,05}{2,20}\right) = 2,011364, \text{ com } x_5 = 2,25$$

$$y_6 = h + y_5 \cdot \left(1 - \frac{h}{x_5}\right) = 0,05 + 2,011364\left(1 - \frac{0,05}{2,25}\right) = 2,016667, \text{ com } x_6 = 2,30$$

$$y_7 = h + y_6 \cdot \left(1 - \frac{h}{x_6}\right) = 0,05 + 2,016667\left(1 - \frac{0,05}{2,30}\right) = 2,022826, \text{ com } x_7 = 2,35$$

$$y_8 = h + y_7 \cdot \left(1 - \frac{h}{x_7}\right) = 0,05 + 2,022826\left(1 - \frac{0,05}{2,35}\right) = 2,029787, \text{ com } x_8 = 2,40$$

$$y_9 = h + y_8 \cdot \left(1 - \frac{h}{x_8}\right) = 0,05 + 2,029787\left(1 - \frac{0,05}{2,40}\right) = 2,037500, \text{ com } x_9 = 2,45$$

$$y_{10} = h + y_9 \cdot \left(1 - \frac{h}{x_9}\right) = 0,05 + 2,037500\left(1 - \frac{0,05}{2,45}\right) = 2,045918, \text{ com } x_{10} = 2,50$$

Então, y = 2,045918 quando x = 2,5.

6.2.2 Método de Euler modificado

O método de Euler é de emprego fácil e simples, porém pode conter erros relativos grandes. Buscando diminuir os erros, é possível empregar o método de Euler modificado, melhorado ou aperfeiçoado.

O valor fornecido para y_{k+1} pelo método de Euler melhorado (modificado ou aperfeiçoado) é dado pela expressão:

$$y_{K+1} = y_K + \frac{h}{2} \cdot [f(x_k, y_K) + f(x_K + h;\ y_k + h \cdot f(x_k; y_K))]$$

Esse método é de passo um e somente trabalha com cálculos de f(x, y), não envolvendo suas derivadas.

Vejamos nos exemplos.

Exemplo 6.3

Considerando o PVI $\begin{cases} y' = 2x + 3 \\ y(1) = 1 \end{cases}$, calcule y(1,5).

Dados:
a) h = 0,1
b) h = 0,05

Solução:

$$y_{K+1} = y_K + \frac{h}{2} \cdot [f(x_k, y_K) + f(x_K + h;\ y_k + h \cdot f(x_k; y_K))]$$

$$y_{K+1} = y_K + \frac{h}{2} \cdot [2x_K + 3 + 2x_{K+1} + 3]$$

a) Com h = 0,1:

$$y_1 = y_0 + \frac{h}{2} \cdot \left[2x_0 + 3 + 2x_1 + 3\right] = 1 + \frac{0{,}1}{2}\left[2 \cdot 1 + 3 + 2 \cdot 1{,}1 + 3\right] = 1{,}51$$

$$y_2 = y_1 + \frac{h}{2} \cdot \left[2x_1 + 3 + 2x_2 + 3\right] = 1{,}51 + \frac{0{,}1}{2}\left[2 \cdot 1{,}1 + 3 + 2 \cdot 1{,}2 + 3\right] = 2{,}04$$

$$y_3 = y_2 + \frac{h}{2} \cdot \left[2x_2 + 3 + 2x_3 + 3\right] = 2{,}04 + \frac{0{,}1}{2}\left[2 \cdot 1{,}2 + 3 + 2 \cdot 1{,}3 + 3\right] = 2{,}59$$

$$y_4 = y_3 + \frac{h}{2} \cdot \left[2x_3 + 3 + 2x_4 + 3\right] = 2{,}59 + \frac{0{,}1}{2}\left[2 \cdot 1{,}3 + 3 + 2 \cdot 1{,}4 + 3\right] = 3{,}16$$

$$y_5 = y_4 + \frac{h}{2} \cdot \left[2x_4 + 3 + 2x_5 + 3\right] = 3{,}16 + \frac{0{,}1}{2}\left[2 \cdot 1{,}4 + 3 + 2 \cdot 1{,}5 + 3\right] = 3{,}75$$

Então, y = 3,75 quando x = 1,5.

b) Com h = 0,05:

$$y_1 = y_0 + \frac{h}{2}\left[2x_0 + 3 + 2x_1 + 3\right] = 1 + \frac{0,05}{2}\left[2 \cdot 1 + 3 + 2 \cdot 1,05 + 3\right] = 1,2525$$

$$y_2 = y_1 + \frac{h}{2}\left[2x_1 + 3 + 2x_2 + 3\right] = 1,2525 + \frac{0,05}{2}\left[2 \cdot 1,05 + 3 + 2 \cdot 1,1 + 3\right] = 1,51$$

$$y_3 = y_2 + \frac{h}{2}\left[2x_2 + 3 + 2x_3 + 3\right] = 1,51 + \frac{005}{2}\left[2 \cdot 1,1 + 3 + 2 \cdot 1,15 + 3\right] = 1,7725$$

$$y_4 = y_3 + \frac{h}{2}\left[2x_3 + 3 + 2x_4 + 3\right] = 1,7725 + \frac{0,05}{2}\left[2 \cdot 1,15 + 3 + 2 \cdot 1,2 + 3\right] = 2,04$$

$$y_5 = y_4 + \frac{h}{2}\left[2x_4 + 3 + 2x_5 + 3\right] = 2,04 + \frac{0,05}{2}\left[2 \cdot 1,2 + 3 + 2 \cdot 1,25 + 3\right] = 2,3125$$

$$y_6 = y_5 + \frac{h}{2}\left[2x_5 + 3 + 2x_6 + 3\right] = 2,3125 + \frac{0,05}{2}\left[2 \cdot 1,25 + 3 + 2 \cdot 1,3 + 3\right] = 2,59$$

$$y_7 = y_6 + \frac{h}{2}\left[2x_6 + 3 + 2x_7 + 3\right] = 2,59 + \frac{0,05}{2}\left[2 \cdot 1,3 + 3 + 2 \cdot 1,35 + 3\right] = 2,8725$$

$$y_8 = y_7 + \frac{h}{2}\left[2x_7 + 3 + 2x_8 + 3\right] = 2,8725 + \frac{0,05}{2}\left[2 \cdot 1,35 + 3 + 2 \cdot 1,4 + 3\right] = 3,16$$

$$y_9 = y_8 + \frac{h}{2}\left[2x_8 + 3 + 2x_9 + 3\right] = 3,16 + \frac{0,05}{2}\left[2 \cdot 1,4 + 3 + 2 \cdot 1,45 + 3\right] = 3,4525$$

$$y_{10} = y_9 + \frac{h}{2}\left[2x_9 + 3 + 2x_{10} + 3\right] = 3,4525 + \frac{0,05}{2}\left[2 \cdot 1,45 + 3 + 2 \cdot 1,5 + 3\right] = 3,75$$

Então, y = 3,75 quando x = 1,5.

Exemplo 6.4

Considerando o PVI $\begin{cases} x \cdot y' = x - y \\ y(2) = 2 \end{cases}$, calcule y(2,5).

Dados:
a) h = 0,25
b) h = 0,1
c) h = 0,05

Solução:

$$y_{K+1} = y_K + \frac{h}{2} \cdot [f(x_k, y_K) + f(x_K + h; \ y_k + h \cdot f(x_k; \ y_K))]$$

$$y_{K+1} = y_K + \frac{h}{2} \cdot \left[1 - \frac{y_K}{x_K} + 1 - \frac{y_k + h \cdot \left(1 - \frac{y_K}{x_K}\right)}{x_{K+1}}\right]$$

a) Com h = 0,25:

$$y_1 = y_0 + \frac{0,25}{2} \cdot \left[1 - \frac{y_0}{x_0} + 1 - \frac{y_0 + 0,25 \cdot \left(1 - \frac{y_0}{x_0}\right)}{x_1}\right] =$$

$$= 2 + \frac{0,25}{2} \cdot \left[1 - \frac{2}{2} + 1 - \frac{2 + 0,25 \cdot \left(1 - \frac{2}{2}\right)}{2,25}\right] = 2,013889$$

$$y_2 = y_1 + \frac{0,25}{2} \cdot \left[1 - \frac{y_1}{x_1} + 1 - \frac{y_1 + h \cdot \left(1 - \frac{y_1}{x_1}\right)}{x_2}\right]$$

$$= 2,013889 + \frac{0,25}{2} \cdot \left[1 - \frac{2,013889}{2,25} + 1 - \frac{2,013889 + 0,25 \cdot \left(1 - \frac{2,013889}{2,25}\right)}{2,5}\right] = 2,0500001$$

Então, y = 2,0500001 quando x = 2,5.

b) Com h = 0,1:

$$y_{K+1} = y_K + \frac{h}{2} \cdot \left[1 - \frac{y_K}{x_K} + 1 - \frac{y_K + h \cdot \left(1 - \frac{y_K}{x_K}\right)}{x_{K+1}}\right]$$

K	x_K	y_K
0	2	2
1	2,1	2,002381
2	2,2	2,009091
3	2,3	2,019565
4	2,4	2,033330
5	2,5	2,049997

Então, y = 2,049997 quando x = 2,5.

c) Com h = 0,05:

$$y_{K+1} = y_K + \frac{h}{2} \cdot \left[1 - \frac{y_K}{x_K} + 1 - \frac{y_K + h \cdot \left(1 - \frac{y_K}{x_K}\right)}{x_{K+1}} \right]$$

K	x_K	y_K
0	2	2
1	2,05	2,000610
2	2,1	2,002314
3	2,15	2,005167
4	2,2	2,009027
5	2,25	2,013826
6	2,3	2,020240
7	2,35	2,026724
8	2,4	2,033980
9	2,45	2,041960
10	2,5	2,050621

Então, y = 2,050621 quando x = 2,5.

6.2.3 Métodos de Runge-Kutta

A ideia básica dos métodos de Runge-Kutta é aproveitar expansões por séries de Taylor e, ao mesmo tempo, eliminar o cálculo de derivadas de f(x, y) que tornam as séries de Taylor computacionalmente inaceitáveis, por serem séries infinitas.

São métodos de passo um e não exigem o cálculo de derivadas, porém é necessário calcular f(x, y) em vários pontos.

Podemos verificar que o método de Euler é o método de Runge-Kutta de primeira ordem, e o método de Runge-Kutta de segunda ordem é o método de Euler modificado (também conhecido como *método de Heun*).

É possível ainda construir expressões para os métodos de Runge-Kutta de terceira e de quarta ordem, denominadas *ordens superiores*.

As expressões para cada um desses métodos são dadas a seguir.

MÉTODO DE RUNGE-KUTTA DE TERCEIRA ORDEM

$$y_{K+1} = y_K + \frac{2}{9}K_1 + \frac{1}{3}K_2 + \frac{4}{9}K_3$$

Em que:

$$K_1 = h \cdot f(x_K; y_K)$$

$$K_2 = h \cdot f\left(x_K + \frac{h}{2}; y_K + \frac{K_1}{2}\right)$$

$$K_3 = h \cdot f\left(x_K + \frac{3}{4}h; y_K + \frac{3}{4}K_2\right)$$

MÉTODO DE RUNGE-KUTTA DE QUARTA ORDEM

$$y_{K+1} = y_K + \frac{1}{6}(K_1 + 2K_2 + 2K_3 + K_4)$$

Em que:

$$K_1 = h \cdot f(x_K; y_K)$$

$$K_2 = h \cdot f\left(x_K + \frac{h}{2}; y_K + \frac{K_1}{2}\right)$$

$$K_3 = h \cdot f\left(x_K + \frac{h}{2}; y_K + \frac{K_2}{2}\right)$$

$$K_4 = h \cdot f(x_K + h; y_K + K_3)$$

Os métodos de Runge-Kutta são autoiniciáveis (são métodos de passo um).
Vejamos nos exemplos.

Exemplo 6.5

Considerando o PVI $\begin{cases} y' = 2x + 3 \\ y(1) = 1 \end{cases}$, calcule y(1,5).

Dados:

a) h = 0,1

b) h = 0,05

Solução:

Usando o método de Runge-Kutta de **terceira ordem**:

$$y_{K+1} = y_K + \frac{2}{9}K_1 + \frac{1}{3}K_2 + \frac{4}{9}K_3$$

a) Com h = 0,1:

x_K	K_1	K_2	K_3	y_{K+1}
1	0,5	0,51	0,515	1,51
1,1	0,52	0,53	0,535	2,04
1,2	0,54	0,55	0,555	2,59
1,3	0,56	0,57	0,575	3,16
1,4	0,58	0,59	0,595	3,75

Então, y = 3,75 quando x = 1,5.

b) Com h = 0,05:

x_K	K_1	K_2	K_3	y_{K+1}
1	0,25	0,2525	0,25375	1,2525
1,05	0,255	0,2575	0,25875	1,51
1,1	0,26	0,2625	0,26375	1,7725
1,15	0,265	0,2675	0,26875	2,04
1,2	0,27	0,2725	0,27375	2,3125
1,25	0,275	0,2775	0,27875	2,59
1,3	0,28	0,2825	0,28375	2,8725
1,35	0,285	0,2875	0,28875	3,16
1,4	0,29	0,2925	0,29375	3,4525
1,45	0,295	0,2975	0,29875	3,75

Então, y = 3,75 quando x = 1,5.

Exemplo 6.6

Considerando o PVI $\begin{cases} x \cdot y' = x - y \\ y(2) = 2 \end{cases}$, calcule y(2,5).

Dados:

a) h = 0,25

b) h = 0,1

Solução:

Usando o método de Runge-Kutta de **terceira ordem**.

$$y_{K+1} = y_K + \frac{2}{9}K_1 + \frac{1}{3}K_2 + \frac{4}{9}K_3$$

a) Com h = 0,25:

x_K	K_1	K_2	K_3	y_{K+1}
2	0	0,014706	0,043740	2,024342
2,25	0,025073	0,035592	0,039637	2,059394

Então, y = 2,059394 quando x = 2,5.

b) Com h = 0,1:

x_K	K_1	K_2	K_3	y_{K+1}
2,0	0	0,002439	0,003526	2,002380
2,1	0,004649	0,006758	0,007704	2,009090
2,2	0,008678	0,010900	0,011329	2,019687
2,3	0,012187	0,013797	0,014525	2,033450
2,4	0,015273	0,016690	0,017335	2,050112

Então, y = 2,050112 quando x = 2,5.

6.2.4 Comparação entre os métodos

Vamos analisar os mesmos dois PVIs pelos métodos apresentados, considerando que métodos numéricos resultam sempre em valores aproximados nas resoluções dos problemas.

Vejamos inicialmente o PVI do primeiro exemplo:

$$y' = 2x + 3$$
$$y(1) = 1$$

A solução analítica (e exata) para esse PVI é dada pela função $y = x^2 + 3x - 3$. A questão envolvia o cálculo de y(1,5), que resulta $y = 1,5^2 + 3 \cdot 1,5 - 3 = 3,75$.

Construindo uma tabela com os diferentes métodos e os diferentes passos utilizados, podemos determinar os erros absoluto e relativo ocorridos em cada cálculo.

Método	Passo	Valor aproximado	Erro absoluto	Erro relativo
Euler	0,1	3,70	0,05	1,33%
Euler	0,05	3,725	0,025	0,67%
Euler modificado	0,1	3,75	0	0%
Euler modificado	0,05	3,75	0	0%
Runge-Kutta	0,1	3,75	0	0%
Runge-Kutta	0,05	3,75	0	0%

Os métodos de Euler modificado e de Runge-Kutta, para esse PVI, apresentaram resultados iguais à solução analítica. Em relação ao método de Euler, é possível verificar que, quanto menor for o passo, melhor será o resultado obtido.

Vejamos agora o PVI do segundo exemplo, dado por:

$$\begin{cases} x \cdot y' = x - y \\ y(2) = 2 \end{cases}$$

A solução analítica pode ser obtida por técnica para a equação diferencial ordinária linear de primeira ordem (EDOL 1), com solução: $y = \dfrac{x}{2} + \dfrac{2}{x}$. O valor para x = 2,5 resulta em y = 2,05.

Esse valor exato é utilizado para o cálculo dos erros absoluto e relativo dos métodos utilizados, conforme consta na tabela a seguir:

Método	Passo	Valor aproximado	Erro absoluto	Erro relativo
Euler	0,25	2,02777	0,02223	1,08%
Euler	0,1	2,045044	0,00241	0,2%
Euler	0,05	2,045918	0,00408	0,4%
Euler modificado	0,25	2,050000	0,000000	0,0%
Euler modificado	0,1	2,049997	0,000003	0,0003%
Euler modificado	0,05	2,050621	0,000621	0,003%
Runge-Kutta	0,25	2,059394	0,009394	0,94%
Runge-Kutta	0,1	2,050112	0,000112	0,005%

Nesse PVI, todos os métodos apresentaram boas aproximações, com erros relativos pequenos. É possível verificar que, quanto maior for o número de divisões ou maior for a quantidade de passos, melhor será o resultado obtido para a avaliação do valor do funcional no ponto considerado.

6.2.5 Métodos de passo múltiplo

Esses métodos usam informações sobre a solução do PVI ou do PVC em mais de um ponto. Supondo conhecidas as aproximações para $y(x)$ em $x_0, x_1, ..., x_n$ e $h = x_{i+1} - x_1$, com $i = 1, ..., n$, a solução é obtida por um processo de integração (conhecidos como *métodos de Adams-Bashforth*[4]) aplicado sobre a equação diferencial $y'(x) = f(x, y)$ de x_n até x_{n+1}.

$$\int_{x_n}^{x_{n+1}} y'(x)dx = \int_{x_n}^{x_{n+1}} f(x, y)dx$$

Resultando:

$$y(x_{n+1}) - y(x_n) = \int_{x_n}^{x_{n+1}} f(x,y)dx$$

$$y(x_{n+1}) = y(x_n) + \int_{x_n}^{x_{n+1}} f(x,y)dx$$

---

[4] Em homenagem a John Couch Adams (1819-1892), famoso astrônomo britânico que descobriu, em coautoria, o planeta Neptuno. Baseou-se nos métodos teóricos propostos por Augustin-Louis Cauchy (1789-1857) e na integração da equação de Francis Bashforth (1819-1912).

A determinação da integral $\int_{x_n}^{x_{n+1}} f(x, y)dx$ é feita por algum processo de quadratura numérica, permitindo o conhecimento da solução do PVI no ponto que **interpola** x_{n+1}. Os métodos para determinar a integral podem ser *explícitos* ou *implícitos*.

MÉTODOS EXPLÍCITOS

São obtidos quando os valores de $x_n, x_{n-1}, ..., x_{n-m}$ são utilizados para aproximar a integral. A aproximação de $f(x, y(x))$ é feita por um polinômio de grau m, $f(x, y)$ em $x_n, x_{n-1}, ..., x_{n-m}$, resultando:

$$y(x_{n+1}) = y(x_n) + \int_{x_n}^{x_{n+1}} p_m(x)dx$$

Escolhendo um polinômio de grau 3, por exemplo, serão necessários quatro pontos com informações conhecidas, e utilizando a forma de Lagrange para determinar o polinômio interpolador, podemos chegar a:

$$y_{n+1} = y_n + \frac{h}{24} \cdot \left[55f_n - 59f_{n-1} + 37f_{n-2} - 9f_{n-3}\right]$$

Sendo $f_i = f(x_i; y_i)$, com $i = n; n-1; n-2; n-3$.

Os erros cometidos nesse processo são da ordem de $e_{(x+1)} = \frac{251}{720}h^5 \cdot y^{(v)}$, ou seja, proporcionais à quinta potência do passo h, e a derivada é de quinta ordem.

MÉTODOS IMPLÍCITOS

São aqueles que utilizam os valores de $x_{n+1}, x_{n+1}, ..., x_{n-m}$ para realizar o processo de aproximação da integral. No cálculo de y_{n+1}, aparece $f_{n+1} = f(x_{n+1}; y_{n+1})$, o que torna o método implícito difícil de empregar. Normalmente, é utilizada, nos métodos de previsão-correção, uma associação de dois processos, que serão vistos ainda neste capítulo.

Utilizando um polinômio interpolador de grau 3 com o conhecimento de quatro pontos e promovendo a integração, temos como resultado:

$$y_{n+1} = y_n + \frac{h}{24} \cdot \left[9f_{n+1} + 19f_n - 5f_{n-1} + f_{n-2}\right]$$

Essa fórmula é conhecida como *fórmula de Adams-Moulton de quarta ordem*.

Os erros cometidos são um pouco menores que os dos métodos explícitos, na ordem de
$e_{(x+1)} = -\dfrac{19}{720} h^5 \cdot y^{(v)}$.

Os métodos de passos múltiplos têm a desvantagem de não se autoiniciarem. Em geral, os valores iniciais são obtidos por outro método, como a série de Taylor ou de Runge-Kutta, que fornecem valores com erros. É evidente que iniciar um processo de cálculos com dados contendo erros deixará a estimativa de resposta com erros maiores ainda. Essa ideia leva à inserção de um conceito de previsão-correção para a obtenção de alguma estimativa de solução.

6.2.6 Métodos de previsão-correção

Esses métodos utilizam um processo iterativo de cálculo, de forma que:

1. determina-se uma primeira aproximação para y_{n+1}, denotada por $y^{(0)}_{n+1}$, usando um método explícito escolhido corretamente; (PREVISOR)
2. calcula-se f_{n+1} sendo o valor de $f(x_{n+1}; y^{(0)}_{n+1})$;
3. com o valor de f_{n+1}, calcula-se, usando um método implícito escolhido, a próxima aproximação de y_{n+1}, denotada por $y^{(0)}_{n+1}$;
4. retorna-se à etapa 2 para calcular f_{n+1} sendo o valor de $f(x_{n+1}; y^{(1)}_{n+1})$; (CORRETOR), e assim sucessivamente, repetindo o processo até que duas aproximações sucessivas tenham erro menor que a precisão desejada.

Exemplo 6.7

Seja o PVI $\begin{cases} y' = -y^2 \\ y(1) = 1 \end{cases}$

Dados:
$h = 0{,}1$ e $\epsilon = 10^{-4}$.

Solução:
Vamos calcular $y(1{,}5)$.
Utilizando o método de Runge-Kutta de quarta ordem para gerar os dados iniciais, temos:

$$y_{K+1} = y_K + \dfrac{1}{6}(K_1 + 2K_2 + 2K_3 + K_4)$$

Em que:

$K_1 = h \cdot f(x_K; y_K)$.

$K_2 = h \cdot f\left(x_K + \dfrac{h}{2}; y_K + \dfrac{K_1}{2}\right)$.

$K_3 = h \cdot f\left(x_K + \dfrac{h}{2}; y_K + \dfrac{K_2}{2}\right)$.

$K_4 = h \cdot f(x_K + h; y_K + K_3)$.

x_K	K_1	K_2	K_3	K_4	y_{K+1}	f_{K+1}
1,	−0,1	−0,09025	−0,0911786	−0,0825956	0,9090912	−0,82644681
1,1	−0,0826447	−0,07530228	−0,07594078	−0,0694140	0,8333338	−0,69444522
1,2	−0,0694445	−0,06377804	−0,06423137	−0,05915185	0,7692312	−0,59171664

Para x = 1,4:

Previsor: $y_{n+1} = y_n + \dfrac{h}{24} \cdot \left[55f_n - 59f_{n-1} + 37f_{n-2} - 9f_{n-3}\right]$

$y(1,4) = 0,7692312 + \dfrac{0,1}{24} \cdot \left[55 \cdot (-0,5917...) - 59 \cdot (-0,6944...) + 37 \cdot (-0,8264...) - 9 \cdot (-1)\right]$

$y(1,4)^{(0)} = 0,7144367$ e $f(1,4) = -0,5104198$

Corretor: $y_{n+1} = y_n + \dfrac{h}{24} \cdot \left[9f_{n+1} + 19f_n - 5f_{n-1} + f_{n-2}\right]$

$y(1,4) = 0,7692312 + \dfrac{0,1}{24} \cdot \left[9 \cdot (-0,5104198) + 19(-0,5917...) - 5 \cdot (0,6944...) + (-0,8264...)\right]$

$y(1,4)^{(1)} = 0,714270312$ e $f(1,4) = -0,510182078$

Nova iteração com o corretor:

$y(1,4) = 0,7692312 + \dfrac{0,1}{24} \cdot \left[9 \cdot (-0,510182078) + 19(-0,5917...) - 5 \cdot (0,6944...) + (-0,8264...)\right]$

$y(1,4)^{(2)} = 0,714279218$ e $f(1,4) = -0,5101948$

Teste de parada: $|y(1,4)^{(2)} - y(1,4)^{(1)}| < 10^{-4}$. **Atendido.**

Para x = 1,5:

Previsor: $y_{n+1} = y_n + \dfrac{h}{24} \cdot \left[55f_n - 59f_{n-1} + 37f_{n-2} - 9f_{n-3} \right]$

$y(1,5)^{(0)} = 0,6667547$ e $f(1,5) = -0,44456183$

Corretor: $y_{n+1} = y_n + \dfrac{h}{24} \cdot \left[9f_{n+1} - 19f_n + 5f_{n-1} - f_{n-2} \right]$

$y(1,5)^{(1)} = 0,66665187$ e $f(1,5) = -0,44442472$

Nova iteração com o corretor:

$y(1,5)^{(2)} = 0,66666570$

Teste de parada: $|y(1,5)^{(2)} - y(1,5)^{(1)}| < 10^{-4}$. **Atendido.**

O valor buscado é: $y(1,5) = 0,6666570$.

Foi possível determinar o valor do funcional y = f(x) no ponto x = 1,5. A quantidade de operações realizadas é bastante grande, o que justifica a implementação computacional para realizar os cálculos. Os resultados obtidos no exemplo anteriormente resolvido foram apresentados com quantidade de casas decimais suficientes para permitir a verificação do teste de parada. Com o uso de computadores, é possível estabelecer uma quantidade maior de dígitos após a vírgula para a situação de trabalho do equipamento, o que permite tornar a precisão requerida na resposta mais exata.

Síntese

Nos PVIs analisados, apresentamos toda a sequência de cálculos para a obtenção dos resultados do funcional em um ponto estabelecido *a priori*. Verificamos que a quantidade de operações matemáticas é bastante elevada. Na prática, para realizarmos avaliações do funcional em muitos pontos, aplicamos esse procedimento usando um computador, que permite efetuar muitos cálculos em um tempo ínfimo. Para haver confiabilidade nos resultados, é necessário que façamos uma boa escolha do método a ser utilizado e do passo a ser empregado, e que a implementação do algoritmo seja satisfatória.

Atividades de autoavaliação

1) Considere a equação diferencial $xy'' + 3xy' + y^2 = 0$. Como ela pode ser classificada?
   a. Equação diferencial ordinária de primeira ordem não linear.
   b. Equação diferencial parcial de segunda ordem não linear.
   c. Equação diferencial ordinária de segunda ordem não linear.
   d. Equação diferencial ordinária de primeira ordem linear.

2) Como se distinguem as condições de um PVI e de um PVC?
   a. Em um PVI, todas as condições devem ser em $t = 0$, e em um PVC, todas as condições devem ser em $t \neq 0$.
   b. Em um PVI, todas as condições devem ser em $t \neq 0$, e em um PVC, todas as condições devem ser em $t = 0$.
   c. Em um PVI, todas as condições devem ser em $t \neq 0$, e em um PVC, pelo menos uma das condições devem ser em $t = 0$.
   d. Em um PVI, todas as condições devem ser em $t = 0$, e em um PVC, pelo menos uma das condições devem ser em $t \neq 0$.

3) Qual das afirmações a seguir é **falsa** em relação ao método de Euler?
   a. É o método mais simples de resolução de PVI.
   b. Quanto maior for o passo, melhor será o resultado obtido.
   c. O resultado é o valor do funcional nas coordenadas de uma poligonal.
   d. Faz a aproximação por uma reta tangente.

4) Em relação aos métodos de Runge-Kutta, qual das afirmações é **falsa**?
   a. São métodos de passo 2.
   b. O método de Euler é um método de Runge-Kutta de primeira ordem.
   c. O método de Euler modificado é um método de Runge-Kutta de segunda ordem.
   d. Utilizam expansões em séries de Taylor e eliminam o cálculo de derivadas.

5) Qual das afirmações a seguir é **falsa** em relação aos métodos de passos múltiplos?
   a. São métodos autoiniciantes.
   b. Utilizam aproximações para a solução em pontos conhecidos e quadratura numérica.
   c. Os métodos explícitos realizam a quadratura por aproximação polinomial.
   d. Os métodos implícitos normalmente utilizam um processo de predição e correção.

Atividades de aprendizagem

Questões para reflexão

1) Quais fatores definem a escolha de um ou de outro método numérico para a resolução de PVI e PVC?

2) Quais são as equações diferenciais com solução exata determinada por alguma técnica não numérica?

Atividades aplicadas: práticas

1) Usando o método de Euler, determine a solução dos PVI dados a seguir, com o passo $h = 0,1$ e $x \in [a; b]$.

   a. $y' = \dfrac{1}{2}xy; \ y(0) = 1; \ a = 0 \ e \ b = 1$

   b. $y' = x^2 + y^2; \ y(0) = 0; \ a = 0 \ e \ b = 1$

   c. $y' = \dfrac{y}{x+1} - y^2; \ y(0) = 1; \ a = 0 \ e \ b = 1$

2) Usando o método de Runge-Kutta de quarta ordem, encontre a solução do PVI $y' = \dfrac{y^2}{4} + x^2$, com $y(0) - 1$. Calcule $y(0,5)$ com $h = 0,1$.

Considerações finais

Ao escrever este livro, o objetivo principal foi oferecer a você, leitor, um texto que apresentasse alguns métodos numéricos para a solução em diversas situações que envolvem matemática.

Iniciamos, no Capítulo 1, com a abordagem dos diferentes erros possíveis de ocorrência nas respostas oferecidas pelo cálculo numérico. Em situações nas quais é possível diminuir esses erros, o processo utilizado foi apresentado ao longo do desenvolvimento e da resolução de exemplos nos diferentes capítulos deste livro.

A primeira aplicação do cálculo numérico envolveu a determinação de raízes de equações transcendentes. Apresentamos alguns métodos e discutimos as vantagens e as desvantagens de cada método ao longo do Capítulo 2.

No Capítulo 3, falamos de técnicas numéricas para a derivação e a integração. Abordamos alguns métodos para a realização desses procedimentos e, pela resolução de alguns exemplos, observamos e analisamos os resultados com discussão dos erros contidos nas respostas.

Vimos as técnicas para a resolução de sistemas de equações lineares e sistemas de equações não lineares no Capítulo 4. Observamos que, em algumas situações, e com a realização de cálculos com o emprego de frações, a solução para um sistema linear de equações pode não apresentar erros. Nos sistemas de equações não lineares, a solução será aproximada com uma precisão estabelecida previamente.

A interpolação e a extrapolação tratam de dados numéricos apresentados em tabelas. No Capítulo 5, apresentamos diversas formas de promover a interpolação e os procedimentos para determinar a curva de ajuste aos dados na realização da extrapolação.

No último capítulo, vimos os métodos do cálculo numérico para a solução de PVI e PVC com exemplos resolvidos.

Em todos os capítulos, os cálculos foram desenvolvidos passo a passo, com o intuito de tornar transparente as etapas da resolução. A partir de uma sequência de operações realizadas e desenvolvidas para uma iteração, o ciclo é repetido e os resultados seguintes, apresentados em tabelas. O encerramento do processo de cálculo é determinado, na maioria das vezes, por critérios de parada com atendimento à precisão da resposta obtida.

Referências

BARROSO, L. C. et al. **Cálculo numérico**. São Paulo: Harbra, 1983.

BURDEN, R. L.; FAIRES, D. J. **Análise numérica**. São Paulo: Pioneira, 2003.

BURIAN, R.; LIMA, A. C. de; HETEM JUNIOR, A. **Cálculo numérico**: fundamentos de informática. Rio de Janeiro: LTC, 2007.

CASTANHEIRA, N. P.; ROCHA, A.; MACEDO, L. R. D. de. **Tópicos de matemática aplicada**. Curitiba: InterSaberes, 2013.

CLÁUDIO, D. M.; MARINS, J. M. **Cálculo numérico computacional**: teoria e prática. 2. ed. São Paulo: Atlas, 1994.

FRANCO, N. B. **Cálculo numérico**. São Paulo: Pearson Prentice Hall, 2006.

KILHIAN, K. Regra dos trapézios repetida. **O Baricentro da Mente**, 28 mar. 2010. Disponível em: <http://obaricentrodamente.blogspot.com.br/2010/03/regra-dos-trapezios-repetida.html>. Acesso em: 23 fev. 2018.

KOPCHENOVA, N. V.; MARON, I. A. **Computational Mathematics**: Worked Examples and Problems with Elements of Theory. Moscow: Mir, 1975.

RUGGIERO, M. A. G.; LOPES, V. L. R. **Cálculo numérico**: aspectos teóricos e computacionais. 2. ed. São Paulo: Pearson, 1988.

SILVA, R. S.; ALMEIDA, R. C. **Métodos numéricos**: integração numérica. Brasília: 2003. Disponível em: <http://www.geoma.lncc.br/pdfs/integracao.pdf>. Acesso em: 23 fev. 2018.

SPERANDIO, D.; MENDES, J. T.; SILVA, L. H. M. e. **Cálculo numérico**. 2. ed. São Paulo: Pearson, 2014.

Bibliografia comentada

BARROSO, L. C. et al. **Cálculo numérico**. São Paulo: Harbra, 1983.

Esse livro é de autoria de professores do Departamento de Ciência da Computação da Universidade Federal de Minas Gerais (UFMG) e apresenta estudos sobre seguintes temas: erros, sistemas lineares, equações algébricas e transcendentes, interpolação e integração. Trata-se de um dos livros pioneiros nos temos tratados.

BURDEN, R. L.; FAIRES, D. J. **Análise numérica**. São Paulo: Pioneira, 2003.

Essa obra trata de maneira excelente sobre as técnicas de aproximação, discutindo as situações em que o resultado obtido é uma boa solução para o problema e também as situações em que falham.

BURIAN, R.; LIMA, A. C. de; HETEM JUNIOR, A. **Cálculo numérico**: fundamentos de informática. Rio de Janeiro: LTC, 2007.

Nesse livro são apresentados os enfoques didático e clássico para as técnicas de cálculo numérico. Temas como determinação de raízes de equações, solução de sistemas lineares, ajuste de pontos e funções interpoladoras merecem destaque.

CASTANHEIRA, N. P.; ROCHA, A.; MACEDO, L. R. D. de. **Tópicos de matemática aplicada**. Curitiba: InterSaberes, 2013.

Os autores direcionam o desenvolvimento dessa obra para as áreas de administração, economia e ciências contábeis, abordando questões que são fundamentais para a atuação profissional.

CLÁUDIO, D. M.; MARINS, J. M. **Cálculo numérico computacional**: teoria e prática. 2. ed. São Paulo: Atlas, 1994.

O enfoque desse livro está no desenvolvimento, no detalhamento e na elaboração de algoritmos computacionais para aplicação de cálculo numérico. É bastante útil para realizar a implementação de rotinas de cálculo.

FRANCO, N. B. **Cálculo numérico**. São Paulo: Pearson Prentice Hall, 2006.

A conceituação da álgebra linear e da teoria de espaços vetoriais é bem elaborada nesse livro, assim como os resultados obtidos pela análise numérica.

KOPCHENOVA, N. V.; MARON, I. A. **Computational Mathematics**: Worked Examples and Problems with Elements of Theory. Moscow: Mir, 1975.

Esse livro é uma tradução para o inglês do original no idioma russo. Apresenta um tratamento com enfoque computacional de diversos temas do cálculo numérico, inclusive da resolução numérica de equações com derivadas parciais.

RUGGIERO, M. A. G.; LOPES, V. L. R. **Cálculo numérico**: aspectos teóricos e computacionais. 2. ed. São Paulo: Pearson, 1988.

Livro escrito por duas professoras do Departamento de Matemática Aplicada da Universidade Estadual de Campinas (Unicamp). Traz uma abordagem de fácil compreensão, com textos explicativos e bem elaborados.

SPERANDIO, D.; MENDES, J. T.; SILVA, L. H. M. e. **Cálculo numérico**. 2. ed. São Paulo: Pearson, 2014.

Nessa obra, os assuntos são descritos com uma clara base matemática. O desenvolvimento dos cálculos dos procedimentos numéricos é feito com detalhamento, o que facilita a compreensão.

Respostas

CAPÍTULO 1

Atividades de autoavaliação

1) a

2) c

3) b

4) b

5) d

Atividades aplicadas: prática

1) EA = 0,001 e ER = 0,022%.

2) Com quatro decimais: EA = $4{,}321 \cdot 10^{-5}$ e ER = $2{,}8105 \cdot 10^{-4}$ %.

3) Com seis decimais: EA = $2{,}101 \cdot 10^{-7}$ e ER = $1{,}3665 \cdot 10^{-6}$ %.

CAPÍTULO 2

Atividades de autoavaliação

1) b

2) a

3) c

4) b

5) d

Atividades aplicadas: prática

1) $\varepsilon \cong 0{,}453125$.

2) $\varepsilon \cong 2{,}089639$.

3) $\varepsilon \cong 2{,}094555$.

CAPÍTULO 3

Atividades de autoavaliação

1) c

2) b

3) a

4) d

5) b

Atividades aplicadas: prática

1)

Método	Valor obtido	Erro relativo
Diferenças progressivas	0,820718165	21,84%
Diferenças regressivas	1,171748523	14,65%
Diferenças centradas	0,993247005	0,68%

2)

Método	Valor obtido	Erro relativo
Diferenças progressivas	0,9826134	1,77%
Diferenças regressivas	1,0172532	1,70%
Diferenças centradas	0,9999333	$6,67 \cdot 10^{-3}$%

3)

Método	Valor obtido	Erro relativo
Diferenças progressivas	0,487901641	2,48%
Diferenças regressivas	0,512932943	2,52%
Diferenças centradas	0,500417292	0,08%

4)

Método	Valor obtido	Erro relativo
Diferenças progressivas	0,498754151	0,25%
Diferenças regressivas	0,501254182	0,25%
Diferenças centradas	0,500004166	$8,33 \cdot 10^{-4}$%

5)

Método	Valor obtido
Retângulos	14,48561253
Trapézios	20,64455905
Regra de 1/3 Simpson	17,35362645

CAPÍTULO 4

Atividades de autoavaliação

1) b
2) a
3) d
4) c
5) a

Atividades aplicadas: prática

1) $[1,000566 \quad -0,999803 \quad 1,999760]^T$

2)
  a. $[3 \quad 2 \quad -1]^T$
  b. $\left[\dfrac{3}{2} \quad \dfrac{5}{2} \quad \dfrac{1}{2}\right]^T$

3) A solução após 3 iterações é: x = 0,7852; y = 0,4966 e z = 0,3699.

CAPÍTULO 5

Atividades de autoavaliação

1) a
2) c
3) b
4) b
5) d

Atividades aplicadas: prática

1) y = 5,4
2) x = 13,75
3) $y = 0,15x^3 - 0,6x^2 + 0,95x - 0,5$
4) y = 0,0656
5) x = 16,641
6) $y = 3,86 + 2,21x - 1,05x^2$; y(2,3) = 3,3885 e y(5) = −11,34

CAPÍTULO 6

Atividades de autoavaliação

1) c

2) d

3) b

4) a

5) a

Atividades aplicadas: prática

1)
a.

x	y	x	y
0	1	0,5	1,071821
0,1	1,00500	0,6	1,103976
0,2	1,010025	0,7	1,142615
0,3	1,025175	0,8	1,188320
0,4	1,045679	0,9	1,241794

b.

x	y	x	y
0	0	0,5	0,055112
0,1	0,001	0,6	0,091416
0,2	0,005	0,7	0,141252
0,3	0,014002	0,8	0,207247
0,4	0,039022	0,9	0,292542

c.

x	y	x	y
0	1	0,5	0,90754
0,1	0,99091	0,6	0,88188
0,2	0,97539	0,7	0,85598
0,3	0,95520	0,8	0,83026
0,4	0,93219	0,9	0,80502

2) $y(0,5) = -0,84945$

Sobre a autora

Celina Jarletti nasceu na cidade de Astorga, estado do Paraná, em 8 de dezembro de 1957. Graduou-se em Engenharia Elétrica, ênfase em Telecomunicações, em 1981, pela Universidade Federal do Paraná (UFPR). No ano seguinte, complementou formação com ênfase em Sistemas de Potência – Eletrotécnica nessa mesma instituição. Cursou mestrado em Engenharia Nuclear na Universidade Federal de Pernambuco (UFPE), com defesa de tese em 14 de dezembro de 1986. Atuou como analista e engenheira na UFRPE e na UFPR durante 30 anos (janeiro de 1985 a janeiro de 2015). Foi coordenadora do núcleo de processamentos de dados da UFRPE por 5 anos.

Iniciou a carreira docente em 1981. No ensino superior, atuou em diversas instituições, ministrando disciplinas de Cálculo Diferencial e Integral, Equações Diferenciais, Cálculo Numérico, Métodos Numéricos para Engenharia, Circuitos Elétricos, Geração, Transmissão e Distribuição de Energia Elétrica e Antenas. Publicou diversos artigos científicos, participou de congressos e orientou trabalhos de conclusão de curso. Ingressou em 2015 no Centro Universitário Internacional Uninter, elaborando material didático e atuando como professora na modalidade presencial e no ensino a distância (EaD).

Os papéis utilizados neste livro, certificados por instituições ambientais competentes, são recicláveis, provenientes de fontes renováveis e, portanto, um meio **respons**ável e natural de informação e conhecimento.

FSC
www.fsc.org
MISTO
Papel | Apoiando
o manejo florestal
responsável
FSC® C103535

Impressão: Reproset
Junho/2023